科普知识博览·兵器百科

舰艇

JIAN TING

王经胜 /编著

Science Book

北京联合出版公司
Beijing United Publishing Co.,Ltd.

图书在版编目（CIP）数据

舰艇 / 王经胜编著 .-- 北京：北京联合出版公司，2013.9（2022.1 重印）
（科普知识博览·兵器百科）
ISBN 978-7-5502-1897-0

Ⅰ.①舰… Ⅱ.①王… Ⅲ.①军用船－普及读物 Ⅳ.①E925.6-49

中国版本图书馆 CIP 数据核字（2013）第 215547 号

舰　艇

编　　著：王经胜
选题策划：天昊书苑
责任编辑：李　征
封面设计：尚世视觉
版式设计：程　杰

北京联合出版公司出版
（北京市西城区德外大街 83 号楼 9 层　100088）
北京一鑫印务有限责任公司印刷　新华书店经销
字数 100 千字　710 毫米 ×1092 毫米　1/16　12 印张
2013 年 10 月第 1 版　2022 年 1 月第 3 次印刷
ISBN 978-7-5502-1897-0
定价：49.80 元

前言 Preface

青少年是我们国家的未来，是实现中华民族伟大复兴的主力军。对于青少年来说，他们正处于博学求知的黄金时期。除了认真学习课本上的知识外，他们还应该广泛吸收课外的知识。青少年所具备的科学素质和他们对待科学的态度，对他们未来的成长会有深远的影响。因此，对青少年的科普教育和普及是极为必要的，这不仅可以丰富他们的学习、增加他们的想象力和思维能力，而且可以开阔他们的眼界、提高他们的知识面和创新精神。

本套《科普知识博览》丛书属于趣味型科普丛书，这是一套专为青少年量身打造的科普读物，它向读者展示了一个生动有趣的科普世界。翻开本套丛书，你会发现：科普知识不再如课本里讲述的那样乏味枯燥，而是变得鲜活、生动起来：科普知识不再是抽象的定理和公式，而早已渗透到我们生活的方方面面。通过这些富有神秘性、趣味性的知识话题，来满足读者的求知欲与好奇心。

本套系列书为了迎合广大青少年读者的阅读兴趣，配有相应的图文解说和介绍，多元素图文并茂的编排方式，再加上简约、大方的版式设计让人赏心悦目，使本书的知识内容变得更加的鲜活亮丽。在提高青少年感观效果的阅读时，享受这科普世界无穷无尽的乐趣。

Contents 目录

第一章

舰艇的基本组成

第二章

舰艇的发展简史

Contents 目录

第三章

舰艇的具体分类

第四章

世界著名舰艇

第一章　舰艇的基本组成

舰艇俗称军舰，又称海军舰艇，是指有武器装备，能在海洋执行作战任务或勤务保障的海军船只，广义上也包括其他军用船艇，是海军的主要装备。军舰与民用船舶的最大区别是舰艇上装备有武器；其次，军舰的外表一般漆有蓝灰色油漆，舰尾悬挂海军旗或国旗；桅杆上装有各种用于作战的雷达天线和电子设备也是军舰有别于民船的一个标志。舰艇被视为国家领土的一部分，只遵守本国的法律和公认的国际法，在外国领海和内水中航行或停泊时享有外交特权与豁免权。

舰艇主要用于海上机动作战，进行战略核突袭，保护己方或破坏敌方的海上交通线，进行封锁或反封锁，参加登陆或抗登陆作战，以及担负海上补给、运输、修理、救生、医疗、侦察、调查、测量、工程和试验等保障勤务。现代军舰按照航行状态区分，有水面舰艇和水下潜艇两大类。

舰艇具有坚固的船体结构、良好的航海性能、较强的生命力，以及与其使命相适应的作战能力或勤务保障能力。它一般由船体结构，武器系统，动力装置，探测、通信和导航系统，船体设备，舰艇管路系统，防护设施，以及工作和生活舱室，油、水、弹药舱和器材舱等构成。现代舰艇的技术复杂、知识密集，集中反映了一个国家的工业水平和科学技术最新成就。本章我们就来为大家简要介绍一些关于舰艇的结构、设备系统以及防护措施等方面的知识。

船体结构

水面舰艇的船体一般包括主船体和上层建筑两部分。主船体是由外板和上层连续甲板包围起来的水密空心结构，形式有纵骨架式、横骨架式、混合骨架式。主船体材料大多采用钢材，也有些快艇（鱼雷艇、导弹艇、猎潜艇、护卫艇、气垫登陆艇等）和反水雷舰艇采用的是钛合金、铝合金、玻璃钢或木材。船体内被许多水密或非水密横舱壁、纵舱壁和甲板分隔成若干舱室，这些舱壁和甲板的另一个作用是承受各种外力，以保证船体的强度、稳性、浮性、不沉性。上层建筑的结构较单薄，大多采用钢材或铝材，也有采用木材或玻璃钢的，一般只承受局部外力。

而潜艇的船体结构一般由耐压艇体和非耐压艇体构成，采用高强度钢材，由许多耐压或非耐压舱壁、甲板等分隔成若干舱室，其功用与水面舰艇相似。

武器系统

战斗舰艇中，有以航空母舰为基地的舰载攻击机、舰载歼击机、舰载反潜机、舰载预警机以及舰载侦察机和电子对抗飞机等，有战略导弹潜艇装备的潜地导弹，其他战斗舰艇装备的舰舰导弹、舰空导弹、反潜导弹和鱼雷、水雷、舰炮、深水炸弹、电子对抗系统，还有反水雷舰艇装备的扫雷具和猎雷设备。每艘战斗舰艇按其使命任务装备一至数种武器，并大多配有火力控制系统和指挥控制自动化系统。登陆作战舰艇除有各种登陆装备外，还装有一定数量的自卫武器。辅助战斗舰艇则只装备有少量的自卫武器。

动力装置

航空母舰、战列舰、巡洋舰部分采用蒸汽轮机动力装置，部分采用核动力装置、燃气轮机动力装置或柴油机－燃气轮机、燃气轮机－电动机联合动力装置。登陆作战舰艇、布雷和扫雷舰艇、勤务舰船大多采用柴油机动力装置。小型艇一般采用柴油机、燃气轮机或柴油机－燃气轮机联合动力装置。潜艇采用柴油机－电动机联合动力装置或核动力装置。动力装置总功率从数百千瓦至20多万千瓦不等。除了少数快艇与高性能船采用喷水推进器、空气螺旋桨推进器外，其他舰艇都采用水螺旋桨推进器。

探测、通信和导航系统

舰艇上的探测系统有舰艇雷达、声纳和舰艇光电探测设备等；通信系统有无线电台、视觉和音响通信设备及舰内通信设备等；导航系统有磁罗经、陀螺罗经、测深仪、计程仪和导航仪等。这里我们主要介绍一些一般人不太了解的磁罗经、测深仪和计程仪。

（1）磁罗经

磁罗经又称“磁罗盘”，是利用磁针受地磁作用稳定指北的特性

制成的指示地理方向的仪器。它由中国的司南、指南针逐步发展而成，常在船舶和飞机上作导航用。

（2）测深仪

测深仪是利用声波反射的信息测量水深的仪器。其中有一类超声波测深仪，它所使用的声波频率在2万赫以上。

回声测深仪的工作原理是利用换能器在水中发出声波，当声波遇到障碍物而反射回换能器时，根据声波往返的时间和所测水域中声波传播的速度，就可以求得障碍物与换能器之间的距离。声波在海水中的传播速度随海水的温度、盐度和水中压强而变化。在海洋环境中，这些物理量越大，声速也越大。常温时海水中的声速的典型值为1500米／秒，淡水中的声速为1450米／秒。所以在使用回声测深仪之前，应对仪器进行率定，计算值要加以

校正。

回声测深仪类型有很多，总的说来可分为记录式和数字式两类，通常都由振荡器、发射换能器、接收换能器、放大器、显示和记录部分组成。

回声测深仪可以在船只航行中快速准确地连续测量水深，是常用于航道勘测、水底地形调查、海道测计量船舶航程的航海仪器，也是推算航迹的基本工具之一。

（3）计程仪

近代计程仪主要由测速部分和指示部分组成，测速部分用以检测和放大船舶航速信号或航程信号；指示部分采用机械或电气形式显示船舶航速或航程，再通过积分或微分方法显示航程或速度。不同类型的计程仪及其工作原理和性能如下：

①拖曳计程仪

它利用相对于船舶航行的水流，使船尾拖带的转子作旋转运动，通过计程仪绳、联接锤、平衡轮，在指示器上显示船舶累计航程。这种计程仪线性差，高速误差大，受风流影响大，操作不便，但性能可靠，有的船舶将其作为备用计程仪。

②转轮计程仪

它利用相对于船舶航行的水流，推动转轮旋转，产生电脉冲或机械断续信号，经电子线路处理后，由指示器给出航速和航程。这种计程仪线性好，低速灵敏度较高，但机械部分容易磨损。除小船应用外，现已逐渐被淘汰。

③水压计程仪

它利用相对于船舶航行水流的动压力，作用于压力传导室的隔膜上，将其转换为机械力，再借助于补偿测量装置，将机械力转换为速度量，再通过速度解算装置给出航程。这种计程仪工作性能较可靠，但线性差，低速误差大，不能测后退速度，且机械结构复杂，使用不便，所以也逐渐被淘汰。

④电磁计程仪

它通过水流（导体）切割装在船底的电磁传感器的磁场，将船舶航行相对于水的运动速度转换为感应电势，再转换为航速和航程。其优点是线性好，灵敏度较高，可测后退速度，目前使用最广。

⑤多普勒计程仪

它利用发射的声波和接收的水底反射波之间的多普勒频移测量船舶相对于水底的航速和累计航程。这种计程仪准确性好，灵敏度高，可测纵向和横向速度，但价格昂贵，主要用于巨型船舶在狭水道航行、进出港、靠离码头时提供船舶纵向和横向运动的精确数据。多普勒计程仪受作用深度限制，超过数百米时，只能利用水层中的水团质点作反射层，变成对水计程仪。

⑥声相关计程仪

它应用声相关原理测量来自水底同一散射源的回声信息到达两接收器的时移，以解算得相对于水底的航速和航程。这种计程仪可测后退速度，兼可用于测深。和多普勒计程仪一样，在水深超过数百米时，这种计程仪也会变成相对于水的计程仪。

船体设备

船体设备是舰艇上用于控制舰艇运动、保证航行安全及其他作业所需的各种设备的统称，亦称栖装设备。一般包括：舵、减摇、系船、装卸、海上补给、救生、关闭、桅墙设备和舱面属具等。舵设备由舵、转舵机构和操舵装置构成，用于改变、保持舰艇航向或潜艇下潜深度。减摇装置包括舭龙骨、减摇水舱、减摇陀螺和减摇鳍等，用于减小舰艇横摇幅度。系船设备包括锚、系缆、拖曳设备等，用于锚泊、离靠码头和拖带。装卸设备包括吊杆装置、起重机及其他装卸机械等，用于装卸物品、给养和弹药等。海上补给装置包括吊杆、门架、绞车、软管、索具等，用于海上航行中补给燃料、淡水、食品、备品和武器弹药等。救生设备包括救生载具、救生浮具、辅助救生用具和救生属具等，供人员自救和互救。关闭设备包括船体上具有不同密性的门、舷窗、舱口盖及其控制、操纵机构等。用以保证装卸物资、人员出入和通风采光等。桅墙设备包括桅杆和属具等，用于装设各种天线、号灯、号型和号旗等。舱面属具包括栏杆、天幕、梯子、索具和甲板用具。此外，还有布雷、登陆和舰载机起降、系留等特种设备。

随着科学技术的发展，船体设备不断更新并增加了许多新设备。帆船时代只有简单人力操作的锚、桨、舵等，而现代舰艇的船体设备则是由各种机械、电力、液压及电子元器件等构成的系统，对保证海上安全航行和正常活动具有重要作用。

管路系统

舰艇上有消防系统，甲板排疏水系统，供水系统，通风、取暖和空气调节系统，弹药舱喷注、灌注系统，冷藏系统，污物、废水排泄和处理系统等。

防护设施

舰艇上装有防核、防化学、防生物武器系统，消磁装置，减振、降噪、隔音、减少热辐射、减少电磁波和声波反射的隐身技术设施。另外，指挥台、作战指挥室、弹药舱、炮塔等装有局部装甲，有的航空母舰、战列舰和巡洋舰还装有全舰甲板装甲、舷装甲和水下防护隔舱等。

第二章　舰艇的发展简史

在人类的祖先还处于以采集和渔猎为生的时期，他们活动的场所是森林、草原、江河、湖泊。由于没有水上工具，深水的鱼群，可望而不可得；河对岸的野兽，可见而不可猎；洪水袭来，来不及逃避就被淹死。他们在与天斗、与洪水猛兽斗的长期斗争中增长了才干和智慧，自然现象使他们受到了各种有益的启发。“古观落叶以为舟”，就反映了我们祖先早期对一些物体能浮在水面上的认识，也许正是这种自然现象牵引出了人们航行的念头。人骑坐在一根圆木上，就可以顺水漂浮；如果他还握着一块木片，就可以向前划行；如果把那根圆木掏空，人就可以舒适地坐在里面，并能随身携带上自己的物品。这就是人们创造的最早的船——独木舟。

随着能力的增加和知识的增长，人们又逐步制造出了筏、木板船和帆船。经过几千年的发展，随着蒸汽机的发明和科学技术的进步，帆被机械取代，帆船也逐渐发展成为装有引擎的船。由于造船材料和船的行驶动力不断发展，人们造的船越来越大，装载的人和货物越来越多，功能越来越完善，航程也越来越远。

起初，船的主要用途是运输。后来随着海上战争的发展，逐渐诞生了用于战争的战船，比如早在两千多年前，就出现了桨帆战船、战舰。从历史发展角度来看，舰艇的发展可分为古代战船、近代舰艇、现代舰艇三个时期。

古代战船

古代战船包括桨帆战船和风帆战船两类。未装备火炮以前的战船大多为桨帆战船，其船体结构为木质，船型较瘦长，吃水较浅，干舷较低，主要靠人力划桨摇橹推进，顺风时辅以风帆。早期装备冷兵器，后期开始装备燃烧性火器。作战方法为撞击战和接舷战，一般只适于在内河、湖泊和近岸海域航行作战。

地中海国家和中国是古代战船的发源地。地中海最早的战船为单层桨，公元前1200多年出现于埃及、腓尼基和希腊。公元前800年左右，单层桨战船开始装上船首冲角，用来进行撞击战。公元前700年，腓尼基和希腊等国造出了两层桨战船。

公元前550年，希腊最先造出三层桨战船，长约40～50米，排水量约200吨，有170支桨，划桨时航速可达6节，顺风可使帆。此后，三层桨战船成为地中海沿岸各国海军舰队的主力并持续了十几个世纪。

公元前16—前11世纪，中国商代已将舟船用作军队的运载工具。最迟于公元前6世纪中期，中国的吴、楚等诸侯国已出现了舟师（海军部队）和战船。当时，吴国舟师中的战船有大翼、中翼、小翼、突冒、楼船、桥船等船种，并有“馀皇”一类的大船，犹如近代海军中的旗舰；还出现了专用的水战器具“钩拒”（亦称“钩强”）。西汉时期（公元前206—公元25年），中国战船得到进一步发展，其性能已逐步赶上和超过了当时的地中海国家，并将这种优势一直保持到了15世纪中期。15世纪的中国战船是世界上最大、最牢固、适航性最好的船舶。其特点是船体结构坚固（采用铁钉联接），操纵灵活（采用舵、橹、硬质纵帆等），装载量大（如楼船设楼2～5层，大型的载千人），船种多（有主力舰“楼船”、攻击船“蒙冲”、冲锋船“先登”、快艇“赤马”和侦察船“斥候”等），以适应水战的需要。

三国时期（公元220—280年）的吴国战船规模庞大，仅小船就有数千只，其中最大的战船设楼五层。

西晋初期（公元3世纪70年代）王濬为准备伐吴而建造的连舫战舰，长120步，上面有楼橹，开四门，能驰马行车，载2000余人，是一座水上城堡。南北朝时期发明的车船（亦称车轮船、轮桨船），行驶便捷，是后来机械明轮船的先驱。公元588—589年隋灭陈时，杨素所率最大战舰“五牙”舰，设楼五层，可容士卒800人，前后左右设有6具“拍竿”。“拍竿”是利用杠杆原理高悬巨石，在接舷战中用来拍击敌船的一种威力很大的冷兵器。唐代（公元618—907年）造船技术继续有进展，这个时期所建造的“海鹘”战船，能在较大风浪条件下航行战斗。宋代（公元960—1279年）的战船已普遍采用水密舱壁技术，提高了不沉性。1000年，神卫水军队长唐福向朝廷献火箭、火毬、火蒺藜等燃烧性火器。1130年，杨么起义军使用的大批车船中，最大的长36丈（约110米），装有24个转轮和6具“拍竿”，载士卒1000余人。1203年，秦世辅造成载重1000斛（约60吨）的“铁壁铧嘴平面海鹘”战船，舱壁装有铁板，是装甲的先河，船首装有形似铧嘴的犀利铁尖，用以在水战中冲击犁沉敌船，较冲角破坏力更大。14世纪，中国出现了世界上最早的金属管形火器——火铳（亦称火筒）。最迟在1377年，中国战船已装备火铳，从而开始了战船武器从冷兵器、燃烧和爆炸性火器向火炮的过渡。

桨帆战船向风帆战船的过渡，一直持续了数个世纪。风帆战船的船体结构亦为木质，吃水较深，干舷较高，首尾翘起；竖有多桅帆，以风帆为主要动力，并辅以桨橹；排水量一般比桨帆战船大，航海性能好，能远离海岸在远洋航行作战；主要武器为前装滑膛炮，作战方法主要是双方战船在数十米至千米距离上进行炮战，有时辅以接舷战。

中国明代航海家郑和率领庞大船队于1405—1433年间七次下西洋，所乘最大的“宝船”长44丈4尺（约137米），宽18丈（约56米），有9桅12帆，装有多门火铳，是当时世界上最大的风帆海船。

北欧国家在15世纪初开始出现装有火炮的风帆战船。1488年，英国建成“总督”号四桅战船，装有225门小型火炮；1520年，又建成“大哈里”号风帆战船，排水量达1000吨，装有火炮21门，口径60 ~ 203毫米。1561年，中国明代戚继光抗倭时造的“福船”，装有大

发贡1门、碗口铳3门、佛郎机6门、鸟嘴铳10支。1637年，英格兰造的“海上统治者”号风帆战船，排水量1700吨，装有100门火炮。1797年，

美国造的“宪法”号风帆战船，排水量1576吨，装有 火炮44门。到19世纪，各国的风帆战船得到进一步发展，最大的风帆战船，排水量接近6000吨，装备大、中口径火炮100门以上。当时有的国家海军按排水量大小和火炮多少将风帆战船分为六级：一至三级称战列舰，排水量1000吨以上，在三层或两层甲板上装火炮70 ~ 120门；第四、五级称巡洋舰，排水量500 ~ 750吨，在两层甲板上装火炮40 ~ 64门；第六级称轻巡洋舰，排水量约300吨，在单层甲板上装火炮6 ~ 30门。

在风帆战船发展的同时，适应舰队远洋作战的勤务舰船也得到了相应发展，主要有运粮船、水船、军事运输船、通信船、修理船、侦察船等类型。

近代舰艇

19世纪初，风帆战船开始向蒸汽舰船过渡。1815年美国建成第一艘明轮蒸汽舰（浮动炮台）“德莫洛戈斯”号（后改称“富尔顿”号），排水量2475吨，航速不到6节，装有30磅炮32门。1836年，螺旋桨推进器出现后，蒸汽机逐步成为战舰的主动力装置，但初期的蒸汽舰仍装有桅帆作辅助动力。蒸汽舰与风帆战船相比，最大的优点是不受风速、风向和潮流等条件的限制，航速提高数节至十几节。

在蒸汽舰发展的同时，舰炮也日臻完善。从19世纪30年代起，舰炮口径不断加大，爆炸弹取代实心弹。19世纪中叶后，后装线膛炮逐步取代前装滑膛炮，旋转炮、塔炮逐步取代舷炮。舰炮破坏力的提高迫使大型舰艇装设舷部和甲板的装甲防护带，于是19世纪50年代及以后出现了装甲舰和装甲巡洋舰，并逐渐成为舰队的主力。19世纪下

半叶，钢铁逐步成为主要造船材料，船体结构变得更加坚固耐用，排水量增至万吨以上。同时，水雷和鱼雷陆续装备舰艇。1877 年，英国研制出鱼雷艇。1892 年，俄国研制成布雷舰，接着各国陆续开始建造鱼雷艇和布雷舰，并用于海战。

不过，水雷和鱼雷增强了海军的战斗力，也给军舰带来了新的威胁，迫使大型军舰设置水下防雷结构。1893 年，英国建成专门对付鱼雷艇的驱逐舰。20 世纪初，出现了具备一定作战能力的潜艇，俄国开始建造世界上第一批扫雷舰艇。

中国清朝政府于 19 世纪 60 年代开始购买和设厂建造近代舰艇。1889 年建成“平远”号巡洋舰，排水量 2100 吨，航速 14 节，装备舰炮 12 门；1902 年建成“建威”号鱼雷快船（即驱逐舰），排水量 850 吨，航速 23 节，装备舰炮 9 门和鱼雷发射管数具。

19 世纪末、20 世纪初，舰艇开始采用蒸汽轮机动力装置。以后又出现柴油机动力装置，使航速进一步提高。1906 年，英国建成当时火力最强的“无畏”号战列舰，航速达 21 节。日俄战争后，出现了近代护卫舰和水上飞机母舰。第一次世界大战中，潜艇发挥了重大作用，出现了航空母舰、反潜舰艇，水面舰艇也普遍加强反潜武器。战后，各国成批建造战列舰、巡洋舰、驱逐舰、护卫舰、潜艇、航空母舰和其他小型舰艇，勤务舰船也得到相应的发展。由于航空兵的发展，还出现了装备有大量高射炮的防空巡洋舰。

第二次世界大战中，海战从水面、水下扩展到空中，并进行了多次大规模登陆作战。其中航空母舰和潜艇发挥了重要作用，成为海军的重要突击兵力，得到迅速发展。参战各国还建造了大批登陆作战舰艇、反水雷舰艇、反潜舰艇，勤务舰船的种类和数量也大幅度增加，水面舰艇还普遍加强了防空和反潜武器的装备。各种舰艇都普遍装备了雷达、声纳等探测设备，舰载机、舰炮、鱼雷、水雷、无线电等武器装备和蒸汽轮机、柴油机等动力装置的性能得到了明显提高，造船材料和工艺也得到了相应的发展，大型军舰的排水量增至7万吨。在这场战争中，由于战列舰失去了主导作用，战后便不再新造。

现代舰艇

第二次世界大战后，大批旧式舰艇陆续退役，少数进行了现代化改装。随着舰载武器、动力装置、电子设备、造船材料和工艺的迅速发展，舰艇的发展跨入了现代化阶段。

20 世纪 50 年代初期，航空母舰开始装备喷气式飞机和机载核武器，采用斜角甲板、新式起飞弹射器、升降机、降落拦阻装置和助降系统。50 年代中期，第一艘核潜艇“鹦鹉螺”号建成服役。50 年代末期，导弹开始装备大、中型舰艇，反潜舰艇、登陆作战舰艇得到进一步发展。

20 世纪 60 年代，出现了新型导弹巡洋舰、导弹驱逐舰、导弹护卫舰、战略导弹核潜艇、核动力航空母舰、直升机母舰、两栖攻击舰、猎雷舰、遥控扫雷艇。1967 年第三次中东战争后，许多国家普遍开始重视发展导弹艇，出现了导弹卫星跟踪测量船、卫星通信船、武器和设备试验船等，航行补给船、海洋调查船和电子侦察船在技术上也有新发展。直升机开始普遍装备大、中型水面舰艇；军用快艇开始装备燃气轮机动力装置并采用水翼和气垫技术。

20世纪70年代以后，出现了搭载垂直/短距起落飞机的航空母舰、多用途航空母舰、通用两栖攻击舰等，导弹已成为战斗舰艇的主要武器；大、中型舰艇普遍搭载直升机，战斗舰艇普遍装有指挥控制自动化系统和火控系统；燃气轮机已为水面舰艇广泛采用，舰艇各系统的自动化程度普遍提高，舰艇隐身技术开始得到应用，模块化造船工艺日趋完善。

中国海军在20世纪50年代研制成功一批巡逻艇，随后引进技术资料和部分装备，建成了一批护卫舰、潜艇、扫雷舰、猎潜艇和鱼雷艇。到60年代初，海军舰艇和武器装备进入全面自行研制阶段：1962年建成“62”型护卫艇，1964年建成“037”型猎潜艇，1966年建成火炮护卫舰、水翼鱼雷艇、导弹艇，1971年建成“051”型导弹驱逐舰。1974年建成“053K”型导弹护卫舰，同年8月第一艘核潜艇建成服役。70年代以后，还建成了战略导弹核潜艇、全封闭新型导弹护卫舰、中型和大型登陆舰、气垫登陆艇、航行补给船、航天测量船、防险救生船、海洋调查船、侦察船、工程船等各种类型的舰艇。

第三章　舰艇的具体分类

现代军舰一般可分为四种：战斗舰艇、辅助战斗舰艇、勤务舰船和潜艇。战斗舰艇根据其尺度和战斗用途不同分为:航空母舰、战列舰、巡洋舰、驱逐舰、护卫舰、猎潜舰、鱼雷艇、导弹艇等。辅助舰艇有两栖登陆舰艇、布雷艇、扫雷艇等。勤务艇船，故名思义，是担负战斗、后勤、技术保障任务的舰船。而潜艇则是一种能潜入水下活动和作战的舰艇。本章我们主要为大家介绍各种舰艇的分类知识，以及几种代表舰艇的详细信息。

舰艇的基本分类

◎ 战斗舰艇

战斗舰艇根据其尺度和战斗用途不同分为：

（1）大型舰船，有航空母舰、战列舰、巡洋舰；

（2）中型舰艇，有驱逐舰、护卫舰、猎潜艇；

（3）小型战斗舰艇，有炮艇、鱼雷快艇、导弹快艇。

◎ 辅助战斗舰艇

辅助战斗舰艇有两栖登陆舰艇、布雷舰艇与扫雷舰艇。

◎ 勤务舰船

勤务舰船亦称“军辅船”或“辅助舰船”，是担负战斗保障、后勤保障和技术保障任务的舰船的统称，包括侦察船、海道测量船、运输舰、补给舰、训练舰、防险救生船、医院船、工程船、海洋调查船、试验船、维修供应舰、消磁船、破冰船、布设舰船、基地勤务船等。勤务舰船的船体多为钢质结构，排水型；动

力装置多为蒸汽轮机或柴油机；满载时的排水量小则十几吨，大则数万吨；航速 30 节以下；装有适应不同用途的装置和设备，有的还装备有自卫武器。

勤务舰船在历次海战和日常活动中，曾发挥了重要作用，其发展受到各国海军的重视。从 1920 年到 1945 年的 25 年间，美、英、法、德、意、日等国海军勤务舰船的总排水量从 165 万吨发展到1776万吨，增加了9.7倍，同战斗舰艇的比例也从 0.3：1 提高到 1：1。1982 年，在马岛战争中，英国共出动舰船 118 艘，其中勤务舰船 76 艘，运送兵员 9000 名；飞机和直升机 400 余架，运送大量弹药、燃料和干货。勤务舰船同战斗舰艇的比例达到了 1.8：1。

自 20 世纪 60 年代以来，随着现代科学技术的发展和有关国家海洋战略和海军建设方针的变化，勤务舰船的新船种不断出现，美国、苏联、英国、法国、中国等国家改装或新建了航天跟踪测量船、回收打捞船、综合补给船等，排水量均在万吨以上。截至 1987 年，美国两洋舰队勤务舰船总吨位为 86 万吨；苏联海军勤务舰船总吨位为 173 万吨；中国海军也

拥有多种勤务舰船，初步构成海上勤务保障体系，可在中远海为海上编队实施综合保障。

◎ 潜艇

潜艇是一种能潜入水下活动和作战的舰艇，也称潜水艇，是海军的主要舰种之一。潜艇在战斗中的主要作用是：对陆上战略目标实施核袭击，摧毁敌方军事、政治、经济中心；消灭运输舰船、破坏敌方海上交通线；攻击大中型水面舰艇和潜艇；执行布雷、侦察、救援和遣送特种人员登陆等。

潜艇可按多种标准分为不同类型，如可按作战使命分为攻击潜艇与战略导弹潜艇；按动力分为常规动力潜艇（柴油机－蓄电池动力潜艇）与核潜艇（核动力潜艇）；按排水量分，常规动力潜艇有大型潜艇（2000 吨以上）、中型潜艇（600 ~ 2000 吨）、小型潜艇（100 ~ 600 吨）和袖珍潜艇（100 吨以下），核动力潜艇一般在 3000 吨以上；按艇体结构分为双壳潜艇、个半壳潜艇和单壳潜艇。

潜艇之所以能够发展到今天，是因为它具有以下优点：能利用水层掩护进行隐蔽活动和对敌方实施突然袭击；有较大的自给力、续航力和作战半径，可远离基地，在较长时间和较大海洋区域以至深入敌方海区独立作战，有较强的突击威力；能在水下发射导弹、鱼雷和布设水雷，攻击海上和陆上目标。

但潜艇也有缺点，如：自卫能力差，缺少有效的对空防御武器；

水下通信联络较困难，不易实现双向、及时、远距离的通信；探测设备作用距离较近，观察范围受限，掌握敌方情况比较困难；常规动力潜艇水下航速较低，充电时须处于通气管航行状态，易暴露。

潜艇的结构主要有：艇体、操纵系统、动力装置、AIP系统、武器系统、导航系统、探测系统、通信设备、水声对抗设备、救生设备和居住生活设施等。

（1）艇体

双壳潜艇艇体分内壳和外壳，内壳是钢制的耐压艇体，保证潜艇在水下活动时，能承受与深度相对应的静水压力；外壳是钢制的非耐压艇体，不承受海水压力。内壳与外壳之间是主压载水舱和燃油舱等。单壳潜艇只有耐压艇体，主压载水舱布置在耐压艇体内。个半壳潜艇在耐压艇体两侧设有部分不耐压的外壳作为潜艇的主压载水舱。

潜艇艇体多呈流线型，以减少水下运动时的阻力，保证潜艇有良好的操纵性。耐压艇体内通常分隔成3～8个密封舱室，舱室内设置有操纵指挥部位及武器、设备、装置、各种系统和艇员能生活设施等，以保证艇员能正常工作、生活和实施战斗。艇体中部有耐压的指挥室和非耐压的水上指挥舰桥。在指挥室及其围壳内，还布置有可在潜望深度工作的潜望镜、通气管及无线电通信、雷达、雷达侦察告警接收机、无线电定向仪等天线的升降装置。

（2）操纵系统

潜艇的操纵系统的作用是实现潜艇下潜上浮，水下均衡，保持和变换航向、深度等。潜艇主压载水舱注满水时，会增加重量抵消其储备浮力，即可从水面潜入水下；用压缩空气把主压载水舱内的水排出，重量减小，储备浮力恢复，即可从水下浮出水面。艇内设有专门的浮力调整水舱，用于注入或排出适量的水，以调整因物资、弹药的消耗和海水密度的改变而引起的潜艇水下浮力的变化。艇首、艇尾设有纵倾平衡水舱，可以通过调整首、尾平衡水舱水量以消除潜艇在水下可能产生的纵倾。艇首（或指挥室围壳处）和尾部各设有一对水平升降舵，用以操纵潜艇变换和保持所需要的潜航深度。艇尾装有螺旋桨和方向舵，功能是保证潜艇航行和变换航向。

（3）动力装置

①柴电动力

最早期曾经尝试过的作为潜艇动力来源的有压缩空气、人力、蒸气、燃油和电力等，但真正成熟的第一种潜艇动力来源则是以柴油机配合电动马达（柴电）作为共同的动力来源。

第一次世界大战之前，潜艇开始使用柴油机配合电动马达作为潜艇的动力来源。这种动力是第一种潜艇用机械动力。在水面上，柴油机负责潜艇航行以及为电瓶充电的动力来源；在水面下，潜艇使用预先储备在电瓶中的电力航行。由于电瓶所能够储存的电力必须提供全舰设备使用，所以即使采取很低的速度，潜艇也无法在水面下长时间的航行，必须隔一段时间便浮上水面充电。后来出现的呼吸管则使得潜艇的潜航能力得到了增加。

呼吸管在第二次世界大战前由荷兰开发出来，其后由德国进一步

改良并首先使用在他们的潜艇上面。呼吸管的基本构造很简单，就是一个可以伸长的通气管，它能将外界的空气引导至柴油引擎，将产生的废气排送出去，另外再附加防止海水进入以及将进入的海水排出的管线。通过使用呼吸管可以让潜艇在潜望镜深度情况下使用柴油机，这样潜艇不必上浮即可补充电力。呼吸管的使用大大改变了当时潜艇的作业方式与弹性。在使用呼吸管以前，潜艇一定要浮出海面进行换气和充电的作业，而且这个作业时间必须限制在夜间。而采用呼吸管之后，潜艇只需要将呼吸管伸出海面就可以进行充电的工作，不仅降低了潜艇被发现的机率，也扩大了潜艇可以充电的时机范围。

针对这个威胁，盟军便利用巡逻机携带的特殊雷达来寻找微小的呼吸管，即使无法击沉潜艇，至少也要迫使它无法充电而没有能力进

行持续的追踪与攻击。

②核动力

核动力是继柴电动力之后发展的又一种动力。核动力的原理是通过核子反应炉产生的高温使蒸汽机中产生蒸气驱动蒸气涡轮机，进而带动螺旋桨或者是发电机产生动力。最早在潜艇上成功安装核子反应炉的是美国海军的鹦鹉螺号潜艇。

核动力潜艇与传统的柴电潜艇相比，具有动力输出大、动力续航高（由于核动力潜艇的燃料的补充更换通常在10年以上，相比于仅仅几周或几月的柴电动力潜艇要大大增加，所以也通常被视为无限续航）、速度快等优点。但核动力潜艇也有技术难度大、稳定性差、建造费用高、噪音大以及维护要求高的缺点。由于柴电潜艇和不依赖空气推进技术的发展，核动力潜艇已经不再是先进潜艇动力的唯一标准了。

（4）AIP系统

AIP是Air-Independent Propulsion的简称，中文称为不依赖空气推进。1930年，德国沃尔特博士首次提出以过氧化氢做为燃料的动力机系统。经过数年的研究和试验，在二战末期，沃尔特发明了“沃尔特式动力机”，原理是通过燃烧过氧化氢推动内燃机工作。由于过氧化氢燃烧反应能产生氧气，所以不需要额外空气。但是早期的沃尔特式动力机并不可靠，因为过氧化氢容易发生自燃反应，因此德国只生产了几艘以过氧化氢为动力的潜艇。

第二次世界大战之后，许多国家开始研究其他可能的替代动力来

源，以延长潜艇在水面下持续作业的时间。有人建议采用柴油机与电力马达加上电瓶的搭配，在潜艇中携带氧化剂或者是其他不需要氧气助燃的设备，如此一来就可以在水面下驱动柴油机进行充电，或者是由新的动力来源为电瓶充电与驱动电力马达。

尽管不依赖空气推进系统大大提高了柴电动力潜艇水下潜航的能力，但由于过氧化氢等氧化剂的稳定性差，使得不依赖空气推进的安全性常被质疑。实际上无论是早期沃尔特试验，还是二战后美国、苏联的深入研究过程中都出现了或多或少的事故及问题，所以这一系统并未很快得到大量应用。

现代不依赖空气推进装置类别主要为空气封闭柴油机、闭式循环汽轮机、斯特灵闭式动力机以及燃料电池等。

（5）武器系统

潜艇的武器装备主要有弹道导弹、巡航导弹、反潜导弹、鱼雷、水雷武器及其控制系统和发射装置等。弹道导弹，是战略导弹潜艇的主要武器，用于攻击陆上重要目

标，一艘战略导弹潜艇装有弹道导弹 12 ~ 24 枚；一艘攻击潜艇可携带巡航导弹、反潜导弹 8 ~ 24 枚或鱼雷 12 ~ 24 枚。巡航导弹，分为战术巡航导弹和战略巡航导弹，战术巡航导弹主要用于攻击大、中型水面舰船，战略巡航导弹主要用于攻击陆上目标。反潜导弹，是一种火箭助飞的鱼雷或深水炸弹，有的采用核装药，主要用于攻击水下潜艇。鱼雷、有声自导鱼雷和线导鱼雷，主要用于对舰、对潜攻击。潜艇使用的水雷多为沉底水雷，主要布设在敌方基地、港口和航道，用于摧毁敌方舰船。

潜艇的武器控制系统多采用数字计算机，可同时计算跟踪多批目标，提供决策依据，求出最佳攻击目标的射击阵位，并计算出数个目标的射击诸元，实现武器射击指挥自动化。

（6）导航系统

潜艇的导航系统包括磁罗经、陀螺罗经、计程仪、测深仪、六分仪、航迹自绘仪、自动操舵仪和无线电、星光、卫星、惯性导航设备等。其中惯性导航系统能连续准确地提供潜艇在水下的艇位和航向、航速、纵横倾角等信息。

（7）探测系统

探测设备主要有潜望镜、雷达、雷达侦察告警接收机以及声呐。潜艇在水下将潜望镜的镜头伸出水面，可用目力观察海面、空中和海岸情况，测定目标的方位、距离和测算其运动要素。现代潜艇在潜望镜上还安装有激光测距、热成像、微光夜视等传感器，使之又具有夜间观察、照相和天体定位等功能。雷达，通过雷达升降天线能在水下一定深度测定目标的方

位、距离和运动要素，保证潜艇航行安全和对水面舰船实施鱼雷或导弹攻击。雷达侦察告警接收机的天线采用专门的升降桅杆或寄生于其他升降装置上，保证潜艇能在潜望镜航行状态时对敌方雷达的侦察告警。声呐是潜艇水下活动时的主要探测工具，主要有噪声声呐和回声声呐两种。噪声声呐能对舰船进行被动识别、跟踪、测向和测距；回声声呐能主动测定目标的方位、距离和运动要素。此外，还有探雷声呐、测冰声呐、识别声呐和声线轨迹仪等。

（8）通信设备

潜艇的通信设备主要有短波、超短波收发信机、甚长波收信机、卫星通信和水声通信设备等。潜艇向岸上指挥所报告情况主要利用短波通信；接收岸上指挥所电讯主要用甚长波收信机；同其他舰艇、飞机或沿岸实施近距离通信联络则主要利用超短波通信；卫星通信可使潜艇通过卫星与岸上指挥所实施通信，通信距离远；水声通信用于同其他潜艇、水面舰艇的水下通信和识别。为保证通信的隐蔽性，潜艇一般采用单向通信方式。另外，若使用超快速通信系统，还能使潜艇在极短的瞬间向岸上指挥所发信。

（9）水声对抗设备

潜艇的水声对抗设备主要有侦察声呐和水声干扰器材等。侦察声呐用于侦察目标主动声呐发出的声波信息及其技术参数，而水声干扰器材主要有水声干扰器、水声诱饵（潜艇模拟器）和气幕弹，主要用于压制、迷惑、诱开敌方声呐的跟踪或声自导鱼雷的攻击。

（10）救生设备

潜艇的救生设备有失事浮标和单人救生器等。潜艇失事时，可放出失事浮标以标志潜艇失事的位置，并与外界取得联系。单人救生器可供艇员通过鱼雷发射管、指挥室或专为脱险用的救生闸套离艇出水。在潜艇主压载水舱内还装有应急吹排水系统，潜艇失事时，可由潜艇或救生艇注入高压气体排出主压载水舱内的水，使潜艇浮出水面。

（11）居住生活设施

潜艇上的居住生活设施包括空气再生、大气控制、放射性污染检测、温湿度调节系统、生活居住以及饮食、用水、照明、排泄、医疗等设施，用于保持艇内适宜的生存和活动环境，保障艇员健康。

航空母舰

航空母舰简称“航母”、“空母”，苏联称之为“载机巡洋舰”，是一种可以供军用飞机起飞和降落的军舰。航空母舰的最大缺点是最易受到超低空掠海武器的毁灭式打击。

航空母舰是一种以舰载机为主要作战武器的大型水面舰艇。现代航空母舰及舰载机已成为高技术密集的军事系统工程。

航空母舰一般总是一支航空母舰舰队中的核心舰船，有时还作为航母舰队的旗舰，舰队中的其他船都只为它提供保护和供给。一般航母舰队会配备 1~2 艘潜艇、护卫舰、驱逐舰以及补给舰，驱逐舰或航母上可搭载反潜直升机、预警机、电

子侦察机等。依靠航空母舰舰队，一个国家可以在远离其国土的地方、不依靠当地机场的情况下对敌方施加军事压力和进行作战。

航空母舰按其所担负的任务分，有攻击航空母舰、反潜航空母舰、护航航空母舰和多用途航空母舰；按舰载机性能分，有固定翼飞机航空母舰和直升机航空母舰，前者可以搭乘和起降包括传统起降方式的固定翼飞机和直升机在内的各种飞机，而后者只能起降直升机或是可以垂直起降的定翼飞机。某些国家的海军还有一种外观类似的舰船，称作“两栖攻击舰”，也能搭乘和起降军用直升机或是可垂直起降的定翼机。此外，航空母舰按吨位分，有大型航空母舰（满载排水量6~9万吨以上）、中型航空母舰（满载排水量3~6万吨）和小型航空母舰（满载排水量3万吨以下）；按动力分，有常规动力航空母舰和核动力航空母舰。

航空母舰上所有常备航空兵力

包括飞行员、航空地勤人员，均属海军航空兵，是海军。美英等少数国家的航母有时执行特殊任务时，会搭载海军陆战队或空军所属的飞机，但这属于特例，不是固定编制内的舰载机。

1909年，法国著名发明家克雷曼·阿德第一次向世界描述了飞机与军舰结合这个迷人的梦想。他在当年出版的《军事飞行》一书中，前无古人地提出了航母的基本概念和建造航母的初步设想，并第一次使用了“航空母舰”这一概念。

然而，当时的法国军方正以极大的热情研制水上飞机，似乎没有多少心思去关心这种“异想天开”的航母。不过，阿德的创意却在英伦三岛得到了热烈的反响，并为英国人实现航母之梦带来了希望之光。

1912年，英国海军对一艘老巡洋舰“竞技神”号进行了大规模改装。工程技术人员拆除了军舰上的一些火炮和设备，在舰首铺设了一个平台，用于停放水上飞机；另外，在舰上加装了一个大吊杆，用来搬运飞机。这样，“竞技神”号就成了世界上第一艘水上飞机母舰。然而，它并不是阿德所勾画的那种航空母舰，也不是现代意义上航母

的雏型，因为舰上所载的飞机并不能够在舰上直接起降，所有飞机都需要从水上起飞和在水上降落，然后再从水中提升到军舰上。

1914 年，3 架索普威斯 807 式水上侦探机在英国“皇家方舟”号战列巡洋舰上起飞获得成功。很快，英国海军便将此舰改装成为水上飞机搭载舰。次年底，这艘水上飞机母舰作为英国海军的第一艘正式的水上飞机母舰加入现役。后来，它改名为“柏伽索斯”号，也就是有些史料上所说的世界上第一艘航空母舰。但实际上，“柏伽索斯”号只能称为可以在舰上起飞的第一艘水上飞机母舰，因为飞机仍然不能在该舰上降落。

水上飞机母舰问世后不久就在海战中初露锋芒。1914 年 12 月 25 日，以“恩加丹”号、“女皇”号和“里维埃拉”号三艘水上飞机母舰及巡洋舰和驱逐舰组成的一支英国特混舰队受命前去袭击库克斯港的德国飞艇基地。因浓雾弥漫，飞行员没有找到目标，遂改袭停泊在港内的舰队。然而，由于水上飞机所携带的炸弹威力太小，最终也未能对舰队造成损害，只好无功而返。这次袭击虽然没有达到预期的目的，但它却向世人展示了用以母舰为主的特混编队从空中攻击敌舰的全新战法和光明前景。正如负责制定这次作战计划的塞西尔·莱斯克兰奇海军少校后来所指出的那样：“12 月 25 日发生的事件是海军作战原则发生变化的明显证据。可以想象，如果我们的飞机携带的是鱼雷而不是小型炸弹，那么德国的军舰就有可

能被击沉。”时隔不久，水上飞机母舰在达达尼尔海战中开始大显身手。1915 年 8 月 12 日，英国海军飞行员埃蒙斯驾驶一架从水上飞机母舰上起飞的肖特 184 式水上飞机，成功地用一枚 367 公斤重的鱼雷击沉了一艘 5000 吨级的土耳其运输舰。这是水上飞机诞生后所取得的第一次重大战果。

1916 年，英国的航母设计师总结水上飞机参战以来的经验教训，重新提出了研制可在军舰上起降飞机的航母的问题，并建议把陆基飞机直接用到航母上去。此后，英国的设计师们开始对航母的结构进行了新的重大修改，由此导致了世界上第一艘全通甲板的航母——“百眼巨人”号的诞生。“百眼巨人”号原名“卡吉士”号，是英国造船商为意大利造的一艘客轮，开工不久即被英国海军买下，准备改建成航母。改建工作始于 1917 年，次年 9 月方告完成。在改建过程中，专家们遇到的最大难题就是“不定常涡流”的问题。正当英国的造船专家们一筹莫展之际，一名海军军官却想出了一个奇妙的办法：把舰桥、桅杆和烟囱统统合并到上层建筑中去，然后把整个建筑的位置从飞机甲板的中间线移到右舷上去，这样，起飞甲板和降落甲板就能连为一体，而“不定常涡流”的影响也将不复存在。这位海军军官把自己的高招称之为“岛”式设计。

“百眼巨人”号的舰载机采用了一种原来在陆基起降的“杜鹃”式鱼雷攻击机，它有折叠式的机翼，能携带450公斤重的457毫米鱼雷，具有很强的进攻能力。由于这种飞机建造的速度太慢，以致第一批准备上舰的飞机未能赶上第一次世界大战。

“百眼巨人”号已经具备了现代航空母舰所具有的最基本的特征和形状。它的诞生，标志着世界海上力量发生了从制海权到制海与制空相结合的一次革命性变化，敲响了“巨舰大炮”理论的丧钟。

21世纪初，世界上一共有12个国家拥有航空母舰：阿根廷、法国、意大利、俄罗斯、西班牙、巴西、印度、泰国、英国和美国以及日本、韩国。

战列舰

战列舰，又称战斗舰、主力舰，是一种以大口径舰炮为主要战斗武器的大型水面战斗舰艇。由于战列舰上装备有威力巨大的大口径舰炮和厚重装甲，具有强大攻击力和防护力，所以战列舰曾经是海军编队的战斗核心，也是水面战斗舰艇编队的主力。由于这种军舰自19世纪60年代开始发展直至第二次世界大战末期为止，一直是各主要海权国家的主力舰种之一，因此它过去又一度被称为主力舰。但由于近代以来战列舰的战略地位被航空母舰和核潜艇所取代，战列舰再也不是舰队中的主力了，因此这样的称呼方式也相对失去了意义。

战列舰曾经是人类有史以来创造出的最庞大、最复杂的武器系统之一，在其极盛时期——20世纪初到第二次世界大战期间，战列舰是唯一具备远程打击手段的战略武器平台，因此受到了各海军强国的重视。不过，随着最后一艘战列舰在1998年退役，战列舰从此退出了历史舞台。

战列舰的发展共经历了以下几个阶段：

◎ 风帆时代

“战列舰”一词的英文原文为Battleship，直译为“战斗舰”，这个名字起源于帆船时代的“战列线战斗舰”。战列舰的名称是随着1655—1667年英国-荷兰战争中海军战术的改变而出现的。当时的海战方式为：交战双方的舰队在海战中各自排成单列纵队的战列线，进行同向异舷或异向同舷的舷侧方向火炮对射。凡是其规模足够大，可以参加此种战斗的舰船均被称作战列舰。1638年建成的英舰“海上君王”号便是这种战舰的第一艘，它有3层舷炮甲板，102门火炮。

17世纪70年代后，英国海军按照以下标准对舰船进行了分类：

一级舰——三层炮甲板，火炮100门以上，定员875人以上，排水量2500~3500吨。代表性舰船为特拉法尔加海战中纳尔逊海军上将的旗舰“胜利”号。

二级舰——三层炮甲板，火炮90~98门，定员750人左右，排水量2000吨以上。

三级舰——二至三层炮甲板，

火炮64~80门，定员490~720人，排水量1300~2000吨。这是英国海军中数量最多的主力舰只。

四级舰——两层炮甲板，火炮50~56门，定员350人左右，排水量1000吨以上。

上述四级舰均被称为战列舰。规模在上述几种之下的舰船则被归类为护卫舰、巡航舰和单桅纵帆船。

此时的战列舰基本上全为木材建造，有时在水线以下包裹铜皮。动力为风帆，武器为前膛火炮，发射用于摧毁船体的圆形弹丸、杀伤人员的霰弹以及破坏帆具的链弹。

◎ 铁甲舰

19世纪中叶之后，随着科学技术和造船工业的发展，风帆动力战列舰逐渐让位给蒸汽动力战列舰，战列舰进入了以蒸汽机为动力的钢铁军舰时代。1849年，法国建造出世界上第一艘以蒸汽机为辅助动力装置的战列舰——“拿破仑”号，成为海军蒸汽动力战列舰的先驱。它以蒸汽机为主动力，但仍挂有作为辅助动力的风帆。1853年至1856年的克里米亚战争，奠定了蒸汽装甲战列舰在近代海军舰队中的统治

地位。1859年，法国建造了排水量5630吨的“光荣”号战列舰；1860年，英国建造了排水量9137吨的“勇士”号战列舰。这两艘军舰外面包覆有铁质装甲，被视作世界上最初的两艘蒸汽装甲舰。“勇士”号还挂有辅助的风帆，战舰上的风帆直到20年后才逐渐消失。在美国南北战争期间，美国北方海军的小型装甲炮舰“莫尼特”号首次采用了封闭的回旋式炮塔，它与南方邦联海军的“弗吉尼亚”号装甲舰之间发生了首次近代意义上的海上炮战，即1862年的汉普敦海战。

1862年，法国建造了第一艘装有旋转炮塔的战列舰“阿尔贝王子”号，由于炮塔式舰炮可转向任何方向，排成一线纵队的战列战术似乎过时了，所以在一段时期里装甲舰的称谓取代了战列舰。

1873年，法国建成“蹂躏”号战列舰，该舰已废除使用风帆的传统，成为世界海军史上第一艘纯蒸汽动力战列舰。到19世纪70年代，世界各海军强国的蒸汽装甲战列舰已达到较高的水平。蒸汽机不仅为军舰提供了推进动力，而且蒸汽还被用于操纵舵系统、锚泊系统、转动装甲炮塔系统、装填弹药、抽水及升降舰载小艇等。大型蒸汽装甲战列舰的排水量达到8000至9000吨，推进功率达到6000至8000匹马力。这时的战列舰在主甲板的中央轴线上或者舰体两侧装配了能做360度全向旋转的装甲炮塔，舰炮也都普遍采用了螺旋膛线，攻击力得到了进一步增强。此时的战列舰大多被称作“铁甲舰”，清朝北洋水师的定远号、镇远号铁甲舰（定远级铁甲舰）可称作是这一时期的战列舰代表。

中日甲午战争中，黄海海战的教训使战列舰在防护重点上有所调整，司令塔、炮塔和侧舷水线部位成为战列舰装甲最厚重的地方。

◎ 前无畏型战列舰

1892年，英国人建造出了世界上第一艘采用全钢质舰体的战列舰——“皇家君主”号（君权级战列舰），该舰随后成为各国战列舰设计的样板。它采用4门双联装主炮，以前后各配置一个炮塔的方式安装在舰身纵轴线上，加强了副炮群的数量及射角分配，能将所有火力集中于侧舷，战列舰的称谓名称又恢复了。

此后，战列舰普遍采用钢质舰体，满载排水量可达到12000吨，采用螺旋膛线的主炮口径达到300~350毫米，舰体防护装甲的厚度达到230~450毫米，航速为16~18节。此时，舰炮威力、装甲防护力、航速和排水量，成为各国公认的建造战列舰的四大标准要素。英国、法国、德国、美国、日本、意大利、俄国、奥匈帝国、奥斯曼帝国等国的海军纷纷建造或进口大批战列舰，战列舰已经成为海军强国实力的象征。

此时的战列舰动力多采用往复式蒸汽机，且大多装备两种口径的主炮，一级主炮布置在舰体纵向中轴线上，用于对抗敌方主力舰，二级主炮布置在舰体两侧，用于对抗巡洋舰及轻型军舰。

◎ 无畏舰

1906 年，一种全新的战列舰出现了——无畏舰。无畏舰的名字来源于英国海军的无畏号战列舰，它采用了统一型号的重型火炮以及高功率的蒸汽轮机，其设计实现了意大利著名工程师库尼贝迪上校的构

想。无畏号标准排水量17900吨，航速21节，装备有安装在五座炮塔内的10门305毫米主炮，24门76毫米副炮，水下鱼雷发射器5座，这比当时其他最大的装甲舰的火力还要强一倍以上。它的两舷、炮塔和指挥塔的装甲厚达280毫米。无畏号的下水，加快了各国海军的竞争。德国的拿骚级战列舰、美国的南卡罗来纳级战列舰及其后续舰纷纷采用无畏号的标准；意大利的但丁·阿利格伊切里号战列舰以及奥匈帝国的联合力量级战列舰革命性地使用了布置在舰体纵向中轴线上的三联装主炮炮塔。此类战列舰被统一命名为“无畏舰”，其特征可以概括为：统一口径的主炮（通常口径为11至13.5英寸），主炮塔布置于舰的艏部和艉部，以及交错布置于舰身舯部；排水量大多为20000吨以上，一般使用蒸汽轮机作为动力，航速超过19节。这一时期，英国和德国展开了大规模的海军军备竞赛。到1914年第一次世界大战爆发之时，英国共有战列舰和战列巡洋舰73艘，德国则有52艘。

◎ 超无畏级战列舰

随着战列舰的主炮口径增加到13.5~15英寸，火炮的有效射程也不断增大，主炮炮塔都布置在舰体水平纵向中轴线上，减少或取消了舯部的主炮塔，排水量增加到25000吨以上，这种无畏战列舰通常被称为“超级无畏舰”，日本称之为“超弩级战舰”。英国的猎户座级战列舰、伊丽莎白女王级战列舰、德国的巴伐利亚级战列舰、美国的内华达级

战列舰、日本的扶桑级战列舰及其后续舰都可以视为典型的超级无畏舰。

第一次世界大战中的1916年，英德两国海军之间爆发了人类有史以来规模最大的海战——日德兰海战。这次海战也成为战列舰主宰海洋的“大舰巨炮制胜主义”理论历史顶点。根据这次海战的教训，世界上主要的海军国家都改进了无畏舰的设计。主要改进措施包括：增大主炮口径，改进炮塔、火药库等部位的防护；采取重点防护措施，加厚重要部位的装甲，减少或取消非重要部位的装甲；重视水平防护以及水线以下对鱼雷的防护。这种无畏型战列舰通常被称为“后日德兰型战列舰”，代表为英国建造的纳尔逊级战列舰。

◎ 条约时代

第一次世界大战随着德国及其同盟国的失败而告终。根据1918年的停战协定，德国公海舰队向协约国投降，并集中在英国北部奥克尼群岛的斯卡帕湾，等待作为战争赔偿分配给战胜国。但是，其中的大部分军舰后来都在 1919 年 6 月 21 日被德国水兵凿沉。

在战争期间，各海军强国都设计了规模和火力更强大的战列舰，主炮口径上升到 16 ~ 18 英寸。由于战列舰的建造和维护费用极其高昂，这种耗费高昂的军备竞赛在战争结束后显然已经不再是必需的了。1922 年华盛顿会议期间，美国、英国、日本、法国和意大利五个海军强国签订了《限制海军军备条约》(华盛顿海军条约)，限制战列舰和战列巡洋舰的吨位(35000 吨)和主炮口径(不得超过 16 英寸)，并规定美、英、日、法、意五国海军的主力舰(战列舰和战列巡洋舰)吨位比例为 10:10:6:3.5:3.5。1930 年签订的《限制和削减海军军备条约》(伦敦海军条约)又对此进行了补充规定。

从 1922 年 到 1936 年的这 15 年被称为“海军假日”时代，各国的大型战列舰建造计划都被终止或取消，代之对已有的战列舰进行更新和改造。当时世界上最先进的战列

舰共有7艘，全部搭载16英寸左右的主炮。这7艘战列舰分别是：美国的科罗拉多级（3艘，科罗拉多号、西弗吉尼亚号、马里兰号）、日本的长门级（2艘，长门号、陆奥号）、英国的纳尔逊级（2艘，纳尔逊号、罗德尼号）。这7艘战列舰又被海军人士戏称为“Big Seven”（七巨头）。

◎ 超级战列舰

1936年12月31日，《华盛顿海军条约》期满作废，各海军强国重新开始战列舰的建造工作。英国建造了5艘乔治五世国王级战列舰，并计划建造狮级战列舰；美国海军建造了2艘北卡罗来纳级战列舰、4艘南达科他级战列舰、4艘依阿华级战列舰，并计划建造蒙大拿级战列舰；意大利海军建造了4艘维内托级战列舰；法国海军建造了3艘黎塞留级战列舰，并计划再建造1艘改型舰和4艘更强的阿尔萨斯级；德国海军建造了2艘俾斯麦级战列舰，并开工了2艘H级舰，还计划建造兴登堡级战列舰；日本海军建成了2艘大和级战列舰，即有史以来世界上最大的“大和”和“武藏”号战列舰，另有一艘信浓号中途改建为航母，并计划建造2艘超大和型。

与历史上的战列舰相比，以上所说的这些战列舰的火力、防御力和速度都达到了一个相当的高度。在主炮火力上，除了乔治五世级为14英寸外，其余均达到15~16英寸以上，大和级战列舰甚至装备了

18英寸主炮。同时，联装炮技术也得到了发展，大部分战列舰均采用三联装主炮，英国的乔治五世级和法国的黎塞留级还采用了四联装主炮；炮塔布置也有所调整，大部分战列舰采用前二后一的布置方式，只有英国的纳尔逊级和法国的黎塞留级采用了主炮前置设计，将前向正面火力发挥到了极致。这个时期主炮炮弹重量也有所提升，除乔治五世级外，一般主炮炮弹重量可达800~1200公斤。除了主炮外，一般战列舰还装备多门口径在127~155毫米的副炮作为补充。为了对付新兴的航空兵器的威胁，新建造的战列舰大大提升了防空火力，普遍装备了多门76~127毫米高射炮，同时还有大量的20~40毫米单装或联装小口径速射炮作为近距拦射火力。在二战中，大部分战列舰都装备了雷达，用于提高观测能力。

不过需要强调的是，英国的乔治五世国王级战列舰、美国的北卡罗来纳级战列舰和南达科他级战列舰、意大利海军的维内托级战列舰、法国海军的黎塞留级战列舰等舰在名义上都属于“条约时代的战列舰”，因此在设计或建造过程中还是多多少少受到了条约的约束或影响。

这一时期，由于航空母舰和潜艇已成为海军作战的主要舰种，战列舰在第二次世界大战中逐渐沦为次等海军主力舰。除了在大西洋战场上英国海军围绕德国的俾斯麦号战列舰和提尔皮茨号战列舰展开的大规模围剿行动，其余的时间里，盟国的战列舰主要从事护航任务。不过在诺曼底登陆战役中，英国和美国的旧战列舰还曾经担任了炮轰岸上目标的任务。在太平洋战场，美国海军的8艘旧式战列舰大多在珍珠港事件中受到损失，其中打捞起来的6艘在本国修理后，担负起支援两栖作战轰击岸上目标的任务。而新建造的高速战列舰则担任航空母舰特混编队的舰队警戒（尤其是防空警戒和雷达哨舰）任务，在1944年马里亚纳海战中，这种部署首次发挥了重要作用。在1944年莱特湾海战的苏里高海峡夜战中，美国的战列舰队与日本战列舰队展开了历史上最后一次战列舰炮战，并击沉了日本海军两艘扶桑级战列舰。

1945年8月15日，日本代表在美国密苏里号战列舰上签订了投降文件。战列舰在海军中的光荣生涯达到了顶峰，却也是终点。

第二次世界大战后，各国的战列舰纷纷被作

为废钢铁出售给私人公司拆毁，或作为靶舰和武器试验平台遭到摧毁。美国海军曾将依阿华级战列舰投入朝鲜战争和越南战争，随后将其退役封存。

20 世纪 80 年代，美国对 4 艘已退役的依阿华级战列舰进行现代化改装，加装各种新型雷达、导弹、防空、电子对抗和指挥控制通信系统，重新编入现役，分别部署于太平洋和大西洋，独立进行海上作战，遂行支援登陆和攻击岸上目标等任务。在 1991 年 1 月的海湾战争中，美军曾使用其中的“密苏里”号和“威斯康星”号战列舰对伊拉克目标进行炮击和发射巡航导弹。但在 1993 年，美国的 4 艘战列舰又再次退出现役，“战列舰”这一级别也正式从美国海军现役舰船分类中撤消。

目前，世界各国只剩下美国的 4 艘依阿华级战列舰、2 艘南达科他级战列舰和北卡罗来纳号、得克萨斯号战列舰，以及日本的三笠号前无畏型战列舰作为浮动博物馆得到永久保存。其中密苏里号战列舰常年停泊于美国夏威夷珍珠港，作为战争纪念地供游人参观。

巡洋舰

巡洋舰是在排水量、火力、装甲防护等方面仅次于战列舰的大型水面舰艇，它拥有同时对付多个作战目标的能力。历史上巡洋舰一开始是指可以独立行动的战舰，而驱逐舰则需要其他船只（比如补给船只）的帮助，但是在现代这个区分已经消失了。旧时的巡洋舰是指装备了大中口径火炮，拥有一定强度的装甲，具有较强巡航能力的大型战舰。它是海军主力舰种之一，可执行海上攻防、破交、护航、掩护登陆、对岸炮击、防空、反潜、警戒、巡逻等任务。

巡洋舰装备有较强的进攻和防御型武器，具有较高的航速和适航性，能在恶劣气候条件下长时间进行远洋作战。它的主要任务是为航空母舰和战列舰护航，或者作为编队旗舰组成海上机动编队，攻击敌

方水面舰艇、潜艇或岸上目标。

现代巡洋舰的排水量一般在8000~30000吨，装备有各种导弹、火炮、鱼雷等武器，大部分巡洋舰可携带直升机；动力装置多采用蒸汽轮机，少数采用核动力装置。不过，随着海军航空兵的崛起，巡洋舰的地位日渐衰落。在现代战争中巡洋舰实际上已经几乎消失了，它们的作用已经完全被驱逐舰代替了。

世界最著名的现代巡洋舰有三级：美国提康德罗加级导弹巡洋舰，苏联基洛夫级核动力巡洋舰以及苏联光荣级导弹巡洋舰。

◎ 战斗情况

巡洋舰是海军中比较老的一个舰种，差不多和战列舰同时诞生和发展。在17—18世纪的帆船时代，巡洋舰是指那些装备火炮较少，一般不直接参与战列线战斗，而主要执行巡逻及护航任务的快速炮船。当时最好的巡洋舰是英国的阿拉巴马号，它是一艘多桅帆船，采用蒸汽机推进，排水量1040吨。

19世纪末，随着战列舰的崛起，巡洋舰，特别是装甲巡洋舰得到迅速发展。到第一次世界大战期间，巡洋舰的发展速度加快，质量

也有明显提高，排水量已经达到3000~4000吨，航速25~30节，舰炮口径一般为127~152毫米，个别达190毫米，已经具备压制敌驱逐舰、引导和支援己方海上兵力进行作战的能力。

第二次世界大战以前，巡洋舰主要分重巡洋舰、轻巡洋舰和辅助巡洋舰三种类型。重巡洋舰的吨位已经达到20000~30000吨，航速32~34节，续航力10000多海里，装甲厚达127~203毫米；舰上装有八、九门203毫米口径的舰炮，射程20海里以上，主要用来攻击敌水面舰艇和岸基目标；装有10~16门副炮，口径130毫米以下；还装有几十门自动炮，用来打飞机和小型舰艇。例如，二战中美国的阿拉斯加级巡洋舰就达30000多吨，装有9门304毫米的舰炮。有的巡洋舰上还可以携载三、四架水上飞机，用来校正舰炮射击的精度和进行侦察。这种重型巡洋舰和战列舰一起构成了威力强大的海上堡垒，曾经称雄于世界海洋一个多世纪。

1922年限制海军军备的华盛顿条约签署之后，战列舰、航空母舰和巡洋舰的吨位和数量受到了严格限制。为了不违反条约规定，各国开始发展轻巡洋舰。这种巡洋舰吨位在10000吨以下，航速很快，可以达到35节；舰上装有6~12门主炮，口径在127~133毫米左右；装有8~12门127毫米以下的副炮和几十门小口径炮，同时配有鱼雷和水雷等武器。有的舰也携载2~4架水上飞机，主要用来侦察。由于这种轻型巡洋舰在条约中没有具体规定，所以各海军大国开始打擦边球，搞了许多小动作。比如英国建造的条约型巡洋舰，在设计时按照190毫米大口径舰炮的设计，但在配备武器时却采用了152毫米口径的舰炮，等条约失效后立即更换大口径舰炮。日本也是这样，先装备5座155毫米炮，然后突然换装5座203毫米大口径炮。

二战以后，巡洋舰在数量上急剧减少，重点放在了提高质量上。从技术的发展方面来看，主要是采用了核动力装置，装备了导弹武器和携载直升机作战。发展核动力巡洋舰的主要是美国和苏联海军，美国在八个级别的巡洋舰中有五个级别采用了核动力推进，而苏联只有一级舰采用了核动力装置。从吨位方面来看，二战后建造的巡洋舰吨位基本都在10000吨左右，只有苏联海军发展了一级基洛夫级，排水量达到28000吨，这是世界上最大的一级巡洋舰。

由于导弹技术的迅猛发展，一向以装备几十、上百门舰炮为主要攻击武器的巡洋舰开始换装导弹，舰炮只作为辅助性武器。苏联海军的基洛夫级巡洋舰是世界上第一艘采用导弹垂直发射装置的舰艇。采用这种装置后，舰艇的载弹量增大，发射率也有显著提高。基洛夫级上装有 250 多枚防空、反舰和反潜导弹。另外，为了进行反潜作战，舰上还可携载 2 架直升机。

◎ 发展历史

巡洋舰这个词是在 19 世纪出现的，早期称为护卫舰。在帆船时期，护卫舰指的是小的、快速的、远距的、装甲轻的、只有一层火炮甲板的船只，这些船一般用来巡逻、传递信件和破坏敌人的商船。舰队的主体通常由战列舰组成，这些舰只比护卫舰大得多，也慢得多，但护卫舰一般会逃避这样的战舰，也不会参加这样的战舰之间的舰队海战。最早的铁甲舰也只有一层炮台，因为它们的装甲太重了，没法装其他的炮台，所以尽管它们是带有大炮的大船，而且也可以像战列舰一样作战，它们依然被称为护卫舰。后来，护卫舰这个词的意义开始变化，原来的小帆船被改称为巡洋舰。

在很长一段时间里，巡洋舰弥补了非常轻型的船只如鱼雷艇与战列舰之间的空档。巡洋舰足以抵挡小的船只的进攻，而且足以远离自己的基地航行。而战列舰虽然在作战时威力非常大，但它们太慢且需要太多的燃料（尤其是在使用蒸汽机后这个区别就更加明显了）。20世纪初，巡洋舰是一支舰队的远程威慑武器，它最主要的作用在于海上破交作战和巡逻，而战列舰则待在基地附近。巡洋舰比较注重速度，采用瘦长、利于加速的船体以优化高速航行。巡洋舰也被编入主力舰队作为侦察和警戒用，但一般不参加双方主力舰之间的对决。

随着战列舰规模的不断增大，巡洋舰的排水量也不断增大。19世纪初，首先出现的是带有风帆和蒸汽轮机的风帆巡洋舰，风帆被蒸汽机代替后出现了装甲巡洋舰和防护巡洋舰。装甲巡洋舰防护能力较好，排水量较战列舰和战列巡洋舰为小，我国北洋水师中的经远、来远就是装甲巡洋舰；防护巡洋舰装甲较薄，但航速高，北洋水师中的致远和靖远和日本联合舰队的吉野、高砂都是防护巡洋舰。中日甲午战争让世界各国看到了装甲巡洋舰的良好前景。战争后，各国争相发展具备一定装甲保护，可执行远洋作战、护航、巡逻任务的装甲巡洋舰，这些

巡洋舰的排水量和主炮口径记录被不断刷新。著名的装甲巡洋舰有德国沙恩霍斯特级、布吕歇尔号，日本的鞍马级等等。一般装甲巡洋舰都装备175~254毫米主炮，排水量可达15000~18000吨，航速一般在21~26节左右，直逼舰队核心战列舰。

为了对付装甲巡洋舰的威胁，英国首先设计出了战列巡洋舰。确切地说，战列巡洋舰不属于巡洋舰范畴，它其实是战列舰的简化版，通过牺牲防护来换取高航速，而火力与战列舰接近，典型的例子就是日本在二战前夕通过改装使老旧的金刚级战列巡洋舰升级为战列舰。战列巡洋舰火力强、航速高，一出现就成了装甲巡洋舰的克星。典型战例有一战时期的福克兰海战和多格尔沙洲之战，在这两次作战中，德国的装甲巡洋舰面对以无敌号为首的英国皇家海军分舰队毫无还手之力，遭受了沉重的打击。

战列舰在设计时有一个不成文规定：它们的装甲应该可以在常规交战距离上抵挡它们自己的炮火，符合这种要求的设计才被看作是合格的。第一次世界大战前曾有过一种破坏这样均衡的设计。其目的在于设计一种比战列舰要快得多，但是在火力上与战列舰一样的舰只，这些舰只的作用在于追击敌人的巡洋舰，尤其是活跃于各大洋、主要用于破交战的装甲巡洋舰。在英国第一海务大臣约翰·阿巴斯诺特·费希尔主持下，这种被称为战列巡洋舰的军舰的首舰1907年4月14日在阿尔维克船厂下水，它就是无敌号。

这些介于战列舰和巡洋舰之间的军舰吨位、火力与战列舰相当，但其装甲却很薄弱，仅相当于巡洋舰水平，省下来的重量被投资到了引擎和火力中。其结果是产生了一种拥有高机动性的战列巡洋舰，比任何巡洋舰火力都强，但比战列舰更快。装甲巡洋舰在面对战列巡洋舰25节以上高速时，等待它的只有屠杀。

战列巡洋舰的设计非常成功，至少圆满完成了设计需求。例如在1914年的福克兰群岛海战和随后的多格尔沙洲海战中，战列巡洋舰就向其设计对手显示了强大威力。

但同时，战列巡洋舰也非常脆弱。1916年的日德兰海战中，这种缺陷在英国的战列巡洋舰上体现得很明显，使英军遭受了重大损失。战后英国海军将许多战列巡洋舰拆毁，剩下的则在其允许状态下装甲被加固。不过据透露，这些战列巡洋舰被拆毁的主要原因其实是因为华盛顿海军条约中规定了重型军舰的数量和排水限制。

此外，第二次世界大战中英国舰队追击德国俾斯麦号战列舰的过程也暴露出了战列巡洋舰装甲脆弱的弱点。英国的胡德号战列巡洋舰在炮火上与俾斯麦号一样强大，但是在装甲上却比俾斯麦号弱得多。在丹麦海峡海战中，胡德号还未能够击中，俾斯麦号就被俾斯麦号炮火击中，其装甲被击穿后引起弹药库爆炸，断裂为两截，迅速下沉。船上1419名水手中只有三人幸存。

一战后，各国掀起了海军军备竞赛。为缓解这种紧张

局势，各海军强国开始着手商谈并于1922年在美国华盛顿最终签署了《限制海军军备条约》，即“华盛顿条约”，条约中对各国主力舰和巡洋舰总吨位进行了限制，同时提出了近代巡洋舰的划分标准。

根据条约规定，巡洋舰被区分为轻巡洋舰和重巡洋舰，第一次世界大战后在不同的军备限制条约中对这两个概念均有定义。在华盛顿条约中规定：重巡洋舰主炮不大于8英寸（203毫米），主炮不超过10门，排水量不超过10000吨，速度不超过35节；轻巡洋舰主炮不大于6.1英寸（155毫米），主炮不超过19门，全舰排水量不超过10000吨，速度不超过35节。在实际执行过程中，英美两国较好地遵守了这一规定，德国则打起了擦边球，设计并建造了所谓的德意志级袖珍战列舰（实际上可视为重巡洋舰）；日本也在较大幅度上突破了这一条约的限制，建造了妙高级、高雄级和最上级重巡洋舰，排水量都在12000~15000吨左右，唯一符合规定的只有主炮口径和数量。

从设计建造巡洋舰的情况看，各国都有所侧重。英国拥有广泛的海外领地，所以特别注重轻巡洋舰的发展。日本则希望以质取胜，倾向于重巡洋舰的设计和建造，而轻巡洋舰则被作为水雷战队的旗舰，用于引导驱逐舰分队对敌进行大规模鱼雷攻击和夜战。美国的巡洋舰相对均衡，还创造性发展出了以防空为主要任务的防空型巡洋舰（轻巡洋舰）。

华盛顿条约时期，由于吨位限制，各国建造的重巡洋舰均有一定的缺陷，有些牺牲了火力，有些牺牲了防护，这一时期的巡洋舰通常被称为条约型重巡洋舰，较好的条约型重巡洋舰有法国的阿尔及尔级。

1936年伦敦条约后，日本宣布退出限制海军军备条约，美英也开始设计符合实际需要的巡洋舰，巡洋舰的火力、吨位、速度、防护都达到了一个新的高度。

二战时期著名的重巡有英国的伦敦级、美国的巴尔的摩级、德国的希佩尔级、日本的高雄级、最上级和利根级。著名的轻巡有美国的克利夫兰级、亚特兰大级防空巡洋舰。美国凭借自身强大的工业实力，还设计出了相当于战列巡洋舰的阿拉斯加级大型巡洋舰，拥有三座三联装12英寸（305毫米）主炮。

1945年，美国建造的德梅因级达到了重巡洋舰的顶峰，它拥有三座三联装203毫米MK16型全自动主炮，射速是一般重巡洋舰的2倍，达到每分钟10发，每门炮每分钟可以投射炮弹13.5吨，全舰火力相当于2~3个美军陆军野战炮兵团。同时它的标准排水量达到18000吨，侧舷装甲厚度最高达到152毫米，还装备了为数众多的20~127毫米防空炮。

此外，还有一种更小的巡洋舰，

名为辅助巡洋舰，实际上它们是战争爆发后快速装配了火炮的商船。这些船被用来为其他商船提供保护，但由于它们航速慢、火力弱、装甲弱，因此它们实际上几乎毫无用处。在两次世界大战中德国均使用装配了巡洋舰火炮的小商船来袭击盟军商船，因为盟军商船一开始压根儿没有意识到这些小商船到底是什么船。一些大的远洋轮也被这样改装了，在第一次世界大战中法国和德国就曾使用这样的船只来袭击敌方，这些船的优点在于它们的高速度(56千米每小时)；第二次世界大战中德国和日本再次使用了这样的船只；在第一次世界大战和第二次世界大战的初期英国也使用了这样的船只来保护商船队。

20世纪90年代以来，由于40年冷战的结束，世界形势出现了裁军的趋势，巡洋舰又面临了一次大的考验。人们发现，两、三万吨的大型巡洋舰和几千吨级的驱逐舰所用武器相差不大，都是导弹、舰炮和直升机，所不同的只是携载数量的多少而已。所以，人们对于是否还有必要继续建造新的巡洋舰提出质疑。美国决定，所有核动力巡洋舰在2000年前全部退役，同时停止建造新的巡洋舰；俄罗斯海军只保留了基洛夫级，其他巡洋舰全部退役，而且不再建造新的巡洋舰；其他国家也一样不打算建造新的巡洋舰。这样一来，到21世纪初期，世界上只剩下美国和俄罗斯海军拥有两个级别的巡洋舰。慢慢的，巡洋舰将和战列舰一样，成为历史。

驱逐舰

驱逐舰是一种多用途的军舰，是19世纪90年代至今海军重要的舰种之一，是以导弹、鱼雷、舰炮等为主要武器，具有多种作战能力的中型军舰。它的排水量在2000~9000吨之间，航速在30~38节（1节＝1海里/小时＝1.852公里/小时）左右，是海军舰队中突击力较强的舰种之一，能执行防空、反潜、反舰、对地攻击、护航、侦察、巡逻、警戒、布雷、火力支援以及攻击岸上目标等多种作战任务，有“海上多面手”称号。

19世纪70年代，出现了一种专门发射鱼雷的可以摧毁大型军舰的鱼雷艇（注意：这种鱼雷艇不同于以后的鱼雷快艇，它的舰型相对较大，航速不快，故有人认为将其翻译为“雷击舰”更为妥当）。针对这种颇具威力的小型舰艇，英国于1893年建成了哈沃克号——一种被称为“鱼雷艇驱逐舰”的军舰，设计航速26节，装有1座76毫米火炮和3座47毫米火炮，能在海上毫无困难地捕捉鱼雷艇；它还携带有3枚450毫米鱼雷，用于攻击敌舰。

德国海军发展的同类型的军舰则称为大型鱼雷艇。

随着更多的驱逐舰进入各国海军服役，驱逐舰开始安装较重型的火炮和更大口径的鱼雷发射管，并采用蒸汽轮机作为动力。其特征可以概括为：标准排水量1000~1300吨，航速30~37节，多采用燃油的蒸汽涡轮机动力装置，装备88~102毫米舰炮以及450~533毫米鱼雷发射装置2~3座。

编队使用的驱逐舰已经成为海军舰队的主要突击兵力，它在打击敌人鱼雷舰艇的同时还要对敌舰队实施鱼雷攻击。事实上，从本质而言，驱逐舰就是一种大型的鱼雷艇，经历了第一次世界大战的战火后，驱逐舰取代了鱼雷艇而成为一种海上鱼雷攻击的主力，从存在意义上“驱逐”了鱼雷艇。

◎ 驱逐舰的发展

（1）第一次世界大战中

在第一次世界大战中，驱逐舰携带鱼雷和水雷，频繁进行舰队警戒、布雷以及保护补给线的行动，并装备扫雷工具作为扫雷舰艇使用，甚至直接支援两栖登陆作战。驱逐舰首次在大规模战斗中发挥主要作用的是在1914年英、德两国海军间发生的赫尔戈兰湾海战。1917年德国发动无限制潜艇战，驱逐舰安装深水炸弹充当反潜舰，成为商船队不可缺少的护航力量。随着战争的发展，驱逐舰已经具备了多用途性，逐渐向大型化方向发展，所装备的武器也更强。1916 年英国建造的 V 级驱逐舰和后续的 W 级驱逐舰的舰体采用了较高的干舷，装备了 4 英寸火炮以及三联装 21 英寸鱼雷发射管。1917 年美国批准建造了 111 艘威克斯级驱逐舰以及 162 艘克莱姆森级驱逐舰。驱逐舰已由执行单一任务的小型舰艇演变成舰队中一股不可缺少的战斗力量。

（2）20 世纪 20 年代至 30 年代

在 20 世纪 20 年代，各国海军的驱逐舰尺度不断增加，标准排水量为 1500 吨以上，装备 120~130 毫米口径火炮、533~610 毫米口径鱼雷发射管。英国按字母顺序命名的 9 级驱逐舰——A 级至 I 级；日本的特型驱逐舰——吹雪级驱逐舰及其改进型号是这一阶段驱逐舰的典型代表。法国的美洲虎级驱逐舰以及后续建造的空想级驱逐舰，标准排水量超过 2000 吨，甚至达到 2500 吨，通常被称为“反驱逐舰驱逐舰”。1930 年签订的伦敦海军条约一度对缔约国——美国、英国、日本的

驱逐舰排水量做出限制。1936 年条约到期，各国海军纷纷开始建造比以前更大、武备更强的驱逐舰，排水量接近或超过 2000 吨。英国部族级驱逐舰（1936 年）、美国的本森级驱逐舰、日本的阳炎级驱逐舰、德国 Z 型驱逐舰都是这一时期驱逐舰的典型代表。虽然驱逐舰担负的任务日益广泛，但是集群攻击仍然是这些以鱼雷、火炮为主要武器的驱逐舰的主要任务。

（3）第二次世界大战中

在第二次世界大战中，没有任何一种海军战斗舰艇的用途比驱逐舰更加广泛。战争期间的严重损耗使驱逐舰又一次被大批建造，英国在 J 级驱逐舰的基本设计上不断改进，建造了 14 批驱逐舰，美国建造了 113 艘弗莱彻级驱逐舰。同时在战争期间，驱逐舰成为名副其实的“海上多面手”。由于飞机已经成为重要的海上突击力量，驱逐舰便装备了大量小口径高炮，担当舰队防空警戒和雷达哨舰的任务，加强防空火力的驱逐舰因此出现了，例如日本的秋月级驱逐舰和英国的战斗级驱逐舰。针对严重的潜艇威胁，旧的驱逐舰被加以改造并投入到反潜和护航作战当中，还建造出了大批以英国狩猎级护航驱逐舰为代表的、以反潜为主要任务的护航驱逐舰。

（4）第二次世界大战后

第二次世界大战结束后，驱逐

舰发生了巨大的变化，驱逐舰因其具备多功能性而备受各国海军重视。以鱼雷攻击来对付敌人水面舰队的作战方式已经不再是驱逐舰的首要任务，反潜作战上升为其主要任务，鱼雷武器主要被用做反潜作战，防空专用的火炮逐渐成为驱逐舰的标准装备，驱逐舰的排水量也不断加大。20 世纪 50 年代美国建造的薛尔曼级驱逐舰以及超大型的诺福克级驱逐舰（被称为“驱逐领舰”）就体现了这种趋势。

◎ 导弹驱逐舰

（1）20 世纪 60 年代后

20 世纪 60 年代以来，随着飞机与潜艇性能提升（尤其是喷气式飞机与核动力潜艇）以及导弹的逐步应用，对空导弹、反潜导弹被逐步安装到驱逐舰上，舰载火炮不断减少，并且更加轻巧。1967 年，以色列海军埃拉特号驱逐舰被反舰导弹击沉，攻击水面舰艇的任务又成为驱逐舰的重要任务。燃气轮机开始取代蒸汽轮机作为驱逐舰的动力装置，为搭载反潜直升机而设置的机库和飞行甲板也被安装到驱逐舰上。为控制导弹武器以及无线电对抗的需要，驱逐舰安装了越来越多的电子设备，已经演变成较大而又耗费颇多的多用途导弹驱逐舰。例如美国的亚当斯级驱逐舰、英国的郡级驱逐舰、苏联的卡辛级驱逐舰就是这种舰的典型代表。

（2）20 世纪 70 年代后

70 年代后，作战信息控制以及指挥自动化系统、灵活配置的导弹垂直发射装置、用来防御反舰导弹的小口径速射炮开始出现在驱逐舰上，驱逐舰越发的复杂而昂贵了。英国的谢菲尔德级驱逐舰（42 型驱逐舰）试图降低驱逐舰越来越大的排水量以及造价（在后来的战争中担当舰队防空雷达哨舰的任务遭到重大损失，5 艘同级舰参与战事，两艘被击沉）。而美国的斯普鲁恩斯级驱逐舰，苏联的现代级驱逐舰、无畏级驱逐舰则继续向大型化发展，驱逐舰舰体逐渐增宽，其稳定性大大提高，标准排水量达到 6000 吨以上，这已经接近于第二次世界大战中的轻巡洋舰水平了。

◎ 现代驱逐舰

现代驱逐舰装备有防空、反潜、对海等多种武器，既能在海军舰艇编队担任进攻性的突击任务，又能担任作战编队的防空、反潜护卫任务，还可在登陆、抗登陆作战中担任支援兵力，以及担任巡逻、警戒、侦察、海上封锁和海上救援等任务。舰体空间增大，舰上条件逐步改善，现代驱逐舰的舰员们也不再需要像其前辈那样在简陋而狭窄、颠簸剧烈的舱室中，而是在舒适的封闭的舱室中，利用自动化技术操纵战舰。驱逐舰已经从过去那个力量单薄的小型舰艇，变为一种多用途的中型军舰。除了名称留下一点痕迹之外，驱逐舰已经失去了它原来短小灵活的特点。

护卫舰

护卫舰是以舰炮、导弹、水中武器（鱼雷、水雷、深水炸弹）为主要武器的中型或轻型军舰。它主要用于反潜和防空护航，以及侦察、警戒巡逻、布雷、支援登陆和保障陆军濒海翼侧等作战任务，又称护航舰。在现代海军编队中，护卫舰是在吨位和火力上仅次于驱逐舰的水面作战舰只。护卫舰和战列舰、巡洋舰、驱逐舰一样，也是一个传统的海军舰种，是世界各国建造数量最多、分布最广、参战机会最多的一种中型水面舰艇。护卫舰的发展主要可以分为以下几个阶段：

◎ 初期的护卫舰

护卫舰是一种古老的舰种，早在 16 世纪时，人们就把一种三桅武装帆船称为护卫舰。第一次工业革命后，西方各国在非洲、亚洲、美洲、大洋洲各地获得了为数众多的殖民地。为保护自身殖民地的安全，西方各国建造了一批排水量较小，适合在殖民地近海活动，用于警戒、

巡逻和保护己方商船的中小型舰只，这也是护卫舰的前身之一。

1904—1905年日俄战争中，日本舰艇曾多次闯入旅顺口俄国海军基地，对俄国舰艇进行了多次鱼雷、炮火袭击，并布放水雷，用沉船来堵塞港口，限制俄国舰队的行动。起初俄舰队驱逐舰数量少，改装的民用船的战术技术性能又很差，因而遭受了不少损失。于是在日俄战争后，俄国建造了世界上第一批专用护卫舰。最初的护卫舰排水量小（400~600吨）、火力弱（小口径舰炮）、抗风浪性差、航速低，只适合在近海活动。

◎ 一战时的护卫舰

第一次世界大战时，德国潜艇肆行海上，对协约国舰艇威胁极大。为了保护海上交通线的安全，协约国一方开始大量建造护卫舰，用于反潜和护航。新的护卫舰在吨位、火力、续航性等方面都有了提高，主要装备有中小口径火炮、鱼雷和深水炸弹。当时最大的护卫舰的排水量已达1000吨，航速达16节，已具有一定的远洋作战能力。

◎ 二战时的护卫舰

护卫舰在二战中的来源可以分为两条：一是护航驱逐舰，二是用于近海巡逻的护卫舰或海防舰。

第二次世界大战期间，德国潜艇故伎重演，采用“狼群”战术打击同盟国的舰船，飞机也日益成为对舰队和运输船队的严重威胁，这就使得护卫舰的需要量大增，其担负的任务也更加多样化。作为应对策略，根据美英两国协议，美国向英国提供50艘旧驱逐舰用于应急护航，同时开始建造新的护航驱逐舰，这也标志着现代护卫舰的诞生。著名的护航驱逐舰有英国的“狩猎者”级，美国的“埃瓦茨”级、“巴克利”级和“拉德罗”级；意大利和日本在战争中也建造了一批护航驱逐舰。各参战国的护卫舰总建造数量达到了2000余艘。

典型的护航驱逐舰标准排水量达1500多吨，航速提高到18~20节，主要装备76~102毫米主炮或高平两用炮和多门20~40毫米机关炮用于近程防空和深水炸弹，可以执行防空、反潜、护航等任务。

护航驱逐舰在第二次世界大战中多次参加机动编队海战和两栖登陆作战，到战争后期，部分护航驱逐舰还被改装为快速运输舰，用于向岛屿紧急运输补给和人员。

◎ 二战后的护卫舰

第二次世界大战后，除为大型舰艇护航外，护卫舰主要用于近海警戒巡逻或护渔护航，舰上装备也逐渐现代化。在舰级划分上，美国和欧洲各国达成一致，将排水量3000吨以下的护卫舰和护航驱逐舰统一用护卫舰代替。

20世纪50年代以来，护卫舰和其他海军舰种一样向着大型化、导弹化、电子化、指挥自动化的方向发展，并有专用的防空、反潜、雷达警戒护卫舰的分工，一些护卫

舰上还载有反潜直升机。

现代护卫舰与驱逐舰的区别并不十分明显，只是前者在吨位、火力、续航能力上稍逊于后者，有的国家已经开始慢慢淘汰护卫舰，统一用驱逐舰代替，比如美国和日本。

现代护卫舰已经是一种能够在远洋机动作战的中型舰艇，满载排水量达1500～5000吨，航速20～35节，续航能力2000～10000海里；主要装备76~127毫米舰炮，反舰/防空/反潜导弹，还配备有多种类型的雷达、声纳和自动化指挥系统、武器控制系统。其动力装置一般采用柴油或柴油–燃气轮机联合动力装置。部分护卫舰还装备1~2架舰载直升机，可以担负护航、反潜警戒、导弹中继制导等任务。部分国家为了满足200海里的经济区内护渔护航及巡逻警戒的需求，还发展了一种小型护卫舰，排水量在1000吨左右，武器以火炮和少量反舰导弹为主。有些拥有较多海外利益的国家还发展了一种具有强大护航力，用于海外领地和远海巡逻的护卫舰，比如法国的花月级护卫舰。此外，还有一种吨位更小，通常只有几十至几百吨的护卫艇，主要用于沿海或江河巡逻警戒。

猎潜艇

猎潜艇是一种以反潜武器为主要装备的小型水面战斗舰艇，主要用于执行近海搜索、潜艇攻击，以及巡逻、警戒、护航和布雷等任务。猎潜艇的满载排水量在500吨以下，航速24～38节（水翼猎潜艇可达50节以上），续航力700～3000海里，自给力3～10昼夜，在3～5级海况下能有效地使用武器，5～8级海况下能安全航行。现代猎潜艇装有：性能良好的声呐、雷达，反潜鱼雷发射管4～12个，多管火箭式深水炸弹发射装置2～4座，20～76毫米舰炮1～6座，以及电子对抗系统和舰艇指挥自动化系统等；有的还装有舰空导弹。猎潜艇航速较高，机动灵活，搜索和攻击潜艇的能力较强，但适航性较差，续航力和自给力较小，防护力较弱，适于在近海与其他兵力协同，以编队形式与潜艇作战。

◎ 我国海军第一型国产猎潜艇

6604型猎潜艇是中国海军第一型国产猎潜艇，装备了一门口径为

85 毫米的主炮。它被西方称为喀朗施塔得级，西方资料对其的分类并不完全统一，有时将其作为猎潜艇，有时将其作为护卫艇或巡逻艇。

6604 型猎潜艇长 49.5 米，宽 6.2 米，正常排水量 320 吨，采用 3 台 9Д 型中速柴油机，功率 3300 马力，3 轴推进，最大航速约 18 节，续航力 3000 海里门 2 节，主、辅机布置在两个机舱，任一机舱破损进水时仍能继续航行。

该艇的舵机采用双电机双路供电，单电机工作转舵时间为 20 秒，双电机工作为 10 秒。艇上武备主要包括：1 座单管 85 毫米炮，2 座单管 37 毫米炮，2 挺 12.7 毫米机枪。反潜武备为 2 座 1200 型火箭式深水炸弹发射装置，2 座大型深弹发射炮，2 座大型深弹投掷架。该艇还装备有布雷导轨。艇上雷达包括“林尼”雷达一部，“法盖尔”识别器一部，声呐为“达米尔”11 型。

该型艇乘员 60 人，其中士兵 56 人，军官 4 人。

◎ 解放军第一支海军

1949 年 4 月 23 日，解放军的第一支海军——东海舰队的前身“华东军区海军”在江苏省泰州白马庙成立，张爱萍将军任首任司令员兼政治委员。在命名典礼上，张爱萍在司令舰上授予各舰艇以中央人民政府、中央人民革命军事委员会颁发的命名状、军旗、舰长旗、舰首旗等。然后，张爱萍健步走到毛泽东主席、朱德总司令的像前，带领全体水兵庄严宣誓：“我们是

中国人民的海上武装，在中国共产党领导下成长起来。今天，蒙受中央人民政府颁给我们庄严的旗帜、光荣的称号，我们感到无限光荣和责任的重大……我们保卫这光荣的旗帜和称号，永远像保卫祖国的尊严一样。”从此解放军开始有了自己的海军。

1949 年 8 月 28 日，毛泽东在北京接见了张爱萍司令员等东海舰队负责人，并为新成立的海军题词：“我们一定要建设一支海军，这支海军要能保卫我们的海防，有效地防御帝国主义的可能的侵略。”1949 年 11 月 8 日，在接收的国民党海军旧军舰的基础上组建了解放军海军最早的一支舰艇编队。当时获得命名的战斗舰艇有 51 艘，登陆舰艇 52 艘，辅助船 31 艘。命名以舰种分类，护卫舰以有革命历史的城市如“南昌”、“遵义”等命名；炮舰以具有革命历史的县城如“兴国”、“瑞金”等命名；扫雷舰以解放区的著名村镇命名，如“张店”、“枣庄”等；大型坦克登陆舰以革命根据地的山岭命名，如“井岗山”“大

别山”等。

当时组建海军的主要目的是配合陆军解放沿海岛屿和台湾岛，所以，解放台湾是东海舰队的天然使命，东海舰队的存在就是为解放台湾准备的。至1951年，华东军区海军已拥有“长江”、“洛阳”、“南昌”、“惠州”等大型军舰和炮艇、巡逻艇等战斗舰艇20多艘。1955年1月18日，华东军区海军参加了一次三军协同的攻岛登陆作战，配合20军等登岛陆军部队一举解放了一江山岛。

1955年9月23日华东海军正式更名为“东海舰队”，由陶勇中将出任司令，舰队司令部驻上海。东海舰队成立后，一直驻扎于台湾海峡前沿，长期担负在海防前线的战斗值班、战备训练、护渔护航、巡逻警戒等繁重任务。

鱼雷艇

鱼雷艇，又称鱼雷快艇，是一种以鱼雷为主要武器的小型高速水面战斗舰艇，主要用于近岸海域协同其他兵力作战，以编队方式对敌人大、中型舰艇实施鱼雷攻击。除了执行攻击任务以外，鱼雷艇也可担负巡逻、警戒、反潜、布雷等其他任务。

现代鱼雷艇有滑行艇、半滑行艇、水翼艇3种船型，满载排水量40～200吨，航速40～50节，续航力400～1000海里，自给力2～5昼夜，在3～5级海情下能有效地使用武器，4～6级海情下能安全航行。其主动力装置多数采用高速柴油机，少数采用燃气轮机或燃气轮机－柴油机联合动力机，航速40～50节。装备有鱼雷2～6枚，

单管或双管 25 ~ 57 毫米舰炮 1 ~ 2 座，有的还装备有火箭深水炸弹发射装置、拖曳或声呐和射击指挥系统。

◎ 鱼雷艇的发展

鱼雷艇诞生于美国南北战争（1861 — 1865 年）时的水雷艇。当

时还没有鱼雷，水雷艇的艏部突出一根长长的撑杆，艇员撑着水雷向敌舰猛烈撞击，将敌舰炸毁。1864 年，北军的水雷艇就靠这种办法炸沉了南军的“阿尔比马尔”号装甲舰。

1866 年，在奥匈帝国工作的英国工程师 R. 怀特黑德发明了世界上第一条能够自动航行的水雷。由于它能像鱼一样在水中运动，因而被称为鱼雷。后来制造的专门用来发射鱼雷的舰艇便是鱼雷艇。1869 年，英国工程师怀特海德发明了水中兵器鱼雷。它由压缩空气推进，在水下可以 6 节的速度航行 276 米，头部装有 8.2 公斤的炸药。鱼雷的爆炸力大，可以用来攻击水面舰艇。最初，鱼雷只是被装在灵活机动的小艇上，用来攻击敌舰。1877 年，英国制造出了专门发射鱼雷的鱼雷艇“闪电”号，并将其命名为海军的“1 号鱼雷艇”。该艇在风平浪静的海面上具有 19 节的航速，而其所

装备的鱼雷则能以18节的航速航行584米。鱼雷艇从此问世。

此后，奥地利、希腊、德国、意大利、日本及北欧各国的海军都相继拥有了鱼雷艇。1878年1月26日，俄国鱼雷艇首次成功使用“白头”鱼雷，在70米距离上击沉了排水量2000吨的土耳其炮舰“英蒂巴”号，创造了小艇打大舰的奇迹，使鱼雷艇得到了人们的重视。此后，欧洲各国海军都相继制造和装备了鱼雷艇，鱼雷艇的性能也不断得到了改善。

◎ 鱼雷艇的分类

根据排水量和尺度，现代鱼雷艇一般可分为大鱼雷艇和小鱼雷艇。大鱼雷艇的排水量为60~100吨，有些还在1000吨以上，续航力为600~1000海里，可远离基地在恶劣的气象条件下进行活动；艇上一般装2~4座鱼雷发射装置，个别设有6座鱼雷发射装置。多数大鱼雷快艇可携水雷、1~2枚深水炸弹、少

量烟幕筒，通常还装备高射武器。小鱼雷艇的排水量为60吨以下，续航能力为300~600海里。艇上一般装备有2座鱼雷发射装置，1~2门小口径高炮或2~4座大口径高射机枪。小鱼雷艇只能在近岸或风浪较小的海域进行战斗活动。

◎ 鱼雷艇的优劣

鱼雷艇具有以下优点：

（1）航速高，机动灵活

由于鱼雷艇体积小，排水量通常为数十吨至数百吨，又采用高速艇艇型，动力装置功率大，所以速度高，航行速度30~40节，有的可达50节，有“海上轻骑”之称。

（2）攻击威力大

由于鱼雷艇装备有鱼雷武器，而鱼雷的头部又装有100克至500千克的高效炸药。一般的炸药在空气中爆炸时能量损失很大，而鱼雷在水里爆炸时，水吸收的能量很小，所以鱼雷的爆炸威力很大，从而使鱼雷艇具备了较大攻击威力。小艇能与大中型军舰作战，尤其是几艘鱼雷艇集群攻击时，可对大中型军舰构成很大威胁.

（3）隐蔽性好

由于鱼雷艇尺寸小，吃水浅，故能隐蔽在港湾、岛礁、洞库，能

够隐蔽出航，出其不意地攻击近岸的水面舰艇，具有无可比拟的优势。

此外，它的造价低廉，制造容易，使用方便。

当然鱼雷艇也有缺点，如适航性差、活动半径小、自卫能力弱。在射程上，鱼雷的最大射程在100公里以内，远低于反舰导弹的射程；在速度上，即使是俄罗斯的“暴风”鱼雷200节的速度，也无法与超音速导弹相比。

◎ 鱼雷艇的战斗应用

1894年7月25日，日本海军在丰岛海面对中国海军的护航舰队和运输船发动了突然袭击。8月1日，中日正式宣战，甲午海战爆发。1个多月后，中日海军主力在黄海大东沟海面遭遇，进行了一场海上大战，史称黄海海战。

9月16日凌晨，北洋水师18艘舰艇组成护航舰队，护送5艘运兵船从大连湾出发，前往大东沟登陆，增援在平壤的中国守军。“福龙”、“左队一号”、“右队二号”和“右队三号”4艘鱼雷艇参加了护航任务。

当天下午，舰队和运兵船平安驶抵大东沟口外，“福龙”等4艘艇与“镇南”、“镇中”2艘炮舰护卫运兵船入口，连夜登陆。“平远”、“广西”2艘巡洋舰停泊在大东沟口外担任警戒，其余10艘战舰在口外12海里处锚泊，以防日舰偷袭。

17 日上午 10 时，在大东沟口外锚泊的各舰发现了前来搜寻北洋水师的日本联合舰队。12 时 50 分，双方正式开战，北洋水师以 10 艘战舰迎击日本联合舰队的 12 艘军舰。无论是军舰的数量、吨位还是军舰的航速和火力，北洋水师都处于劣势，加之仓促应战，队形散乱，特别是刚刚开战舰队便失去指挥，导致北洋水师从一开始就陷入了被动的境地。

当时，日本联合舰队的 6 艘鱼雷艇并没有能够随舰队前来，而北洋水师有 4 艘鱼雷艇，占有绝对优势，本应对敌舰队构成很大的威胁。但遗憾的是，北洋水师的鱼雷艇没能在海战中发挥应有的作用。

战斗打响后，停泊在大东沟口外的“平远”、“广丙”2 艘巡洋舰和“福龙”、“左队一号”2 艘鱼雷艇前来增援。它们加入战斗后，首先围攻日军的“西京丸”号。“西京丸”是日本的一艘巡洋舰，日本海军军令部长桦山资纪中将此时正坐镇该舰。由于“西京丸”火力较弱，又在混战中失去主力战舰的保护，结果多处中弹，船舱进水，舰上燃起大火，信号装置和蒸汽舵也遭到破坏，只得使用人力操舵。

2 时 40 分，“西京丸”发现“左队一号”艇与“平远”、“广丙”向其冲来，便立即集中火力向“左队一号”射击。在“西京丸”4 门速射炮的拦击下，“左队一号”被迫规避。“平远”、“广丙”2 舰奋勇前进至“西京丸”右舷 500 米处猛轰敌舰。正当“西京丸”进行顽抗时，“福龙”号鱼雷艇突然从浓烟烈火中冲出，向其发起了攻击。

3 时 05 分，“福龙”在距“西京丸”约 400 米处，发射了第一枚

鱼雷。但鱼雷从其右舷擦过，未能击中。“西京丸”被迫做躲避航行。“福龙”稍作调整后，又发射了第二枚鱼雷，但仍未能击中目标，鱼雷在距敌舰不足5米处再次从“西京丸”右舷擦过。

随后，“福龙”继续向“西京丸”迫近，艇上的速射炮不停向敌舰猛烈射击。“西京丸”仍在抵抗，炮弹不断从鱼雷艇上方飞过。“福龙”向右转舵，从“西京丸”左舷约40米处通过时，由舷侧鱼雷管发射了第三枚也是最后一枚鱼雷，准备给敌舰以致命一击。“福龙”号艇长蔡廷干在战后的报告中写到：当时大家都以为“此次定中无疑”，艇上官兵有的甚至开始欢呼起来。

正在“西京丸”上与6名军官一起观战的桦山资纪中将见鱼雷飞驰而来，已近在咫尺，无法躲避，不禁失声大叫：“啊！我命休矣！”随后便默然无语，听天由命。

然而，一分钟、两分钟、三分钟过去了，鱼雷却没有爆炸。双方都大惑不解。直到7、8分钟后，鱼雷才出现在“西京丸”右方的海面上，接着又沉入水中。原来，这枚鱼雷竟鬼使神差般地从军舰底部穿了过去！

“福龙”号发射的鱼雷为什么会从军舰底部穿过呢？据战后日方分析，鱼雷在发射后会一度较深地下沉，前进一段距离以后才浮出，触及战舰爆炸。由于“福龙”号距离“西京丸”太近，鱼雷下沉时恰好从军舰的底部通过，才使“西京丸”逃脱。也有学者认为：可能是由于“福龙”号转舵之际，船体向一面倾斜，舷侧鱼雷深入水中所致。

据记载，“左队一号”也在海战中发射了全部鱼雷，但未见史料有击中敌舰的描述。日本各舰的战斗报告也没有这方面的记录，只有“左队一号”营救落水官兵的记载。

经过近5个小时的激战，中日海军已厮杀得筋疲力尽。17时40分，日军见天色已晚，由于十分惧怕遭到中国鱼雷艇的袭击，便首先脱离战场，退往朝鲜西海岸的临时锚地。此后中国军舰重新集结，尾追日舰数海里，因相距太远，后转舵返回旅顺。

北洋水师在这场大海战中付出了高昂的代价，先后损失了5艘军舰，不过日军也有数艘战舰遭受重创。“福龙”号鱼雷艇在近距离连发三雷，未能将已经多处受伤的“西京丸”击沉，痛失良机，十分遗憾。

北洋水师鱼雷艇未能在海战中

取得战果，部分原因是当时运用鱼雷艇作战的技术和战术不够熟练。但最主要的原因是中国鱼雷艇官兵平时管理混乱，训练不够，技战术水平较低。战前，英国远东舰队司令斐利曼特尔中将就曾警告说：“中国水雷船排列海边，无人掌管，外则铁锈堆积，内则污秽狼籍，使或海波告警，业已无可驶用。”而黄海海战正好应验了他的预言。

不过纵观世界历史，在第一、二次世界大战中，鱼雷艇都取得了较大战果。1918 年 6 月 10 日，2 艘意大利鱼雷艇仅用 2 发鱼雷就击沉了奥匈帝国的万吨级战列舰“森特·伊斯特万”号。在 20 世纪 50 到 60 年代，中国人民解放军海军鱼雷艇部队曾多次参加海战，取得了击沉国民党海军“太平”号护卫舰，“洞庭”号、“水昌”号炮舰，“剑门”号、“章江”号猎潜艇和多艘运输舰的骄人战绩。

对于水面舰艇来说，鱼雷比导弹具有更大的威慑力，现代鱼雷在发射时，隐蔽性较导弹小，并且具有导弹所不具备的二次甚至多次攻击能力，加上尾流制导的不可对抗性，因此，在能够隐蔽出航（主要是依托岛礁、洞库）的情况下，鱼雷（鱼雷艇）攻击近岸的水面舰艇具有无可比拟的优势。

导弹艇

导弹艇又现称导弹快艇，是海军中的一种小型战斗舰艇。别看它艇小，战斗作用可不小，这是因为它装有导弹武器，具有巨大战斗威力，被称为海洋轻骑兵，在现代海战中发挥了重要作用。

导弹快艇是在鱼雷艇基础上发展起来的，它的艇型与鱼雷艇相仿，有滑行艇型、水翼艇型、气垫艇型等多种，现代还出现了双体型和隐形导弹快艇，如我国海军的022型导弹快艇就是一种双体型隐形导弹快艇，具有隐形特性。导弹艇自20世纪50年代末问世以来，在第三次中东战争及其以后的局部战争中都得到了广泛运用，战果显赫，为越来越多的国家所重视。

1959年，苏联首先将“冥河”式舰对舰导弹安装在拆除了鱼雷发射管的P6级鱼雷艇上，改制成“蚊子”级导弹艇。这是世界上最早的导弹艇。它的满载排水量为75吨，航速70公里/小时，装有2枚导弹。

导弹艇诞生后，由于具有造价低、威力大的特点，一些中，小发展中国家纷纷装备使用导弹艇，以致一些西方国家曾嘲笑它是“穷国的武器”。1967年10月21日，第三次中东战争中的埃及海军用苏制“蚊子”级导弹艇一举击沉了以色列2500吨级的“埃拉特”号驱逐舰。这是海战史上首次导弹艇击沉军舰的战例，它也显示了导弹艇具有小艇打大舰的作战效能。从此，那些曾轻视导弹艇的人也不得不重新认识它的作用了。在1973年10月的第四次中东战争中，以色列的“萨尔”级和“雷谢夫”级导弹艇成功地干扰了埃及和叙利亚导弹艇发射的几十枚“冥河”式导弹，使其无一命中；同时使用“加布里埃尔”式舰对舰导弹和舰炮，击沉击伤对方导弹艇12艘。这是导弹艇击沉同类艇的首次战例，它也显示了导弹艇和其他舰艇应向加强电子战能力方向发展的大趋势。这些海战的经验引起了各国海军的重视，于是大家竞相发展导弹艇，重点增强它的电子干扰和反电子干扰能力。到20世纪80年代初，世界上已有约50个国家拥有各型导弹艇约750艘。

◎ 武器装备

导弹快艇的主要武器是导弹，艇上装有对舰导弹 2~8 枚，它们是一种巡航式舰对舰导弹，外形像飞机，弹体上有翅膀，尾部有尾翼，用来对付水面航行的军舰；有的导弹快艇装备有舰对空导弹，用来对付空中目标。

导弹快艇上除了装备导弹武器外，通常还装有 2 座舰炮，口径 20~76 毫米，主要用于自卫。有的大型导弹快艇还装备有鱼雷、水雷、深水炸弹，还有搜索探测、武器控制、通信导航、电子对抗和指挥控制自动化系统。

◎ 发展历史

19 世纪后期，鱼雷的问世使海战全靠火炮相搏的局面被打破，而且能发射鱼雷的小艇也可击沉大舰。不过鱼雷艇也存在防护力薄弱、远航难和靠近敌船不易等天生弱点，因而在世界海战史上战绩很小。

20 世纪 50 年代初中国人民解放军确定要以小艇打大舰时曾有两种设想：一是用鱼雷艇利用夜暗或白天放烟幕高速接近大舰；二是以高速护卫艇打先锋，压制敌舰的速射炮，掩护鱼雷艇逼近攻击。为此，中国引进了苏联 P-6 型鱼雷艇（分别为 15 和

30吨）并仿制了上百艘，此外还自制了53甲、55甲型巡逻护卫艇和“上海”级高速护卫艇（其排水量均在百吨以下）数百艘。不过，这些小艇活动半径只有几十公里，风浪超过五六级时还不能出海，能力有限。后来由于现代海军技术，特别是雷达、夜视器材的不断发展，小艇想隐蔽快速接近大舰就变得更为困难了。六七十年代以后世界上绝大多数鱼雷艇都相继退出了现役，护卫艇也多改用于近海巡逻。

50年代后飞航式导弹运用于舰艇，为海军战术出现一个新飞跃创造了物质条件，小艇从此具备了在视距之外用导弹打大舰的能力。美国一向在远洋作战而不重视发展耐航性差的小艇，而重视近海防御的苏联最早研制出“黄蜂”系列导弹快艇，并于1959年向中国提供了技术资料和设备器材。翌年苏联撤走专家，中国通过自行研究和仿制，解决了低合金船体钢材、大功率柴油机、上游一号反舰导弹和全自动30毫米舰炮等难题，于1963年下水了021型导弹快艇，其标准排水量170吨，所载导弹射程35公里，命中1枚便可摧毁3000吨

级的军舰。

进入 70 年代后，该型导弹快艇全部实现国产化并投入批量生产，同时还缩小尺寸制造了排水量为 79 吨的 024 型导弹艇。这两型艇总共建造了几百艘，除成为中国水面作战主力外，还出口到不少亚非国家。不过这些导弹艇的雷达电子设备落后，常出现捕捉目标困难，加上适航性差难以驰骋远海。

◎ 导弹艇的分类

导弹快艇种类很多，根据排水量不同，可分为大、中、小三型。

（1）大型导弹快艇

大型导弹快艇排水量在 200~600 吨之间，长 50~60 米，宽 10 多米，高 2 米，如俄罗斯“闪电”级导弹快艇，艇长 56.9 米、艇宽 13 米、吃水 2.65 米，满载排水量 550 吨。

（2）中型导弹快艇

中型导弹快艇排水量在 100~200 吨之间，长 40~50 米，宽 7~8 米。

（3）小型导弹快艇

小型导弹快艇排水量只有几十吨，长 20~30 米，宽 5~6 米，高 2 米，如苏联“蚊子”级导弹艇满载排水量为 75 吨。

◎ 导弹艇的特点

导弹艇具有以下优点：

（1）吨位小

导弹艇的排水量从数十吨至数百吨，就是大型导弹快艇排水量也只有五、六百吨。正是由于导弹快艇的尺度小、排水量小、吃水浅，所以它的隐蔽性好，可以利用沿海岛屿、礁石、港湾，甚至海上航行的船舶作掩护；再加上适当伪装，就可以在狭窄的航道上机动迅速地

进行兵力集中和疏散，隐蔽地对敌舰进行突然袭击。

（2）航速高，机动灵活

导弹艇的航行速度为30~40节，有的可达50节，甚至更高，续航能力500~3000海里。导弹快艇所以航速高，是由于它采用了高速快艇艇型，使得艇体或者部分艇体离开水面，大大减少了水阻力。同时艇上装备有大功率发动机，所以导弹快艇航速高，属于高速舰艇之列。

（3）战斗威力大

导弹快艇上的主要武器是导弹，导弹武器攻击距离远、命中力高、战斗威力大。所以，以导弹为主要武器的导弹快艇具有强大的突击威力。虽然导弹快艇的性能特点与鱼雷快艇基本相同，但由于导弹在攻击距离、攻击准确性和突然性等方面远优于鱼雷，所以导弹艇比鱼雷艇具有更强的战斗力。

导弹快艇也有不足之处，就是它的排水量小、尺度小，使得它的续航能力有限，活动范围小，海上航行性能差，在大风浪中不能充分发挥作用。同时，它的自卫能力差，容易受到敌方航空兵和水面舰艇的袭击。

◎ 中国导弹艇

1965年，苏联向中国提供了其第一代导弹艇“奥沙”级和“柯马”级（即“蚊子”级），艇上分别装有4枚和2枚SS-N-2“冥河”反舰导弹。这两种导弹艇的动力装置都采用苏联生产的M503A柴油机，其中“奥沙”级装3台（每台驱

动一个传动轴)，“蚊子”级装4台(每台驱动一个传动轴)。苏联自己的这两级艇除了配备“方结”目标指示雷达外，还有“歪鼓”火控雷达对导弹实施控制，而它出口给中国海军的同型艇却没有“歪鼓”雷达，只能用一部“方结”雷达对导弹实施控制。

10年后，中国开始大批仿造这两级导弹艇(北约将仿造的“奥沙”级称为“黄蜂”级,将仿造的“柯马”级称为“河谷”级)。当时，中国数家造船厂每年共建造这两级艇各10艘。到1985年时，这两级导弹艇在解放军海军装备清单中的数量达到了最高峰，共有“黄蜂”级120艘、“河谷”级11艘。但到80年代后期，这两级导弹艇陆续开始退役。到1995年为止，解放军海军现役“黄蜂”级和“河谷”级的数量各下降到50艘，另各有25艘作为后备役艇。

6623型就是苏联的183P型导弹快艇，配备有4台柴油机，武备为2座II-15型“冥河”导弹发射装置，双25毫米火炮一座。6623型艇在6602型鱼雷艇的基础上改进而成，艇型是6602型鱼雷艇的木制艇壳，6602艇2具鱼雷发射管改成了2座“冥河”导弹发射装置。考虑到要发射导弹，因此又在受发射气流影响区域的甲板上覆盖了一层硬的耐温花纹铝板。同时在驾驶部位增设了一个钢质封闭的驾驶室，以便于发射导弹时人员在内操控。

183P型艇转让给中国时，苏联

自己也还没有完成试制，设计图纸差错较多。1960年苏联撤走专家后，一些应由苏联提供的设备也没有到货，像雷达和指挥仪的技术文件就不全，我国的仿制设备工厂也找不到技术文件，甚至连设备试验和调试文件都没有。在这样困难的情况下，中国的科研院所的工作人员并没有气馁，而是迎难而上，对这型艇存在的众多问题进行了逐个研究，并一一加以解决。

1962年8月，首艇在芜湖造船厂下水。但是在9月试航时发现了一些问题，包括艇的纵倾角太大，不能满足发射导弹时的航态要求等。1963年3月，解放军首长曾到吴淞基地看过6623型艇，当时艇的航速上不去，雷达、指挥仪等工作不正常，于是首长指示要把问题解决好以后，再交给部队。这样，6623型艇实际上就成了科研试制艇，原始装备上也作了相应的升级。比如，将指挥仪部分的陀螺平台移动了位置，减轻了振动，调试后才达到要求。雷达在更换了元件后，工作情况才有改善。同时，在1963年出台了改进方案，采取了降低阻力和纵倾角的措施，在艇尾加了一个楔形板，加大了艇尾浮力。经过船模试验和实艇试验，终于解决了航态问题，满足了发射导弹的要求。又重新设计了螺旋桨，艇的航速、主机转速也都达到了要求。1964年8月，首艇交艇。1965年，成功进行了导弹发射试验。

登陆舰艇

登陆舰艇，又称两栖舰艇，指的是能运送登陆部队、坦克、车辆及火炮等武器装备远洋航行，并在敌岸滩头直接登陆的中型舰艇。它是为输送登陆兵及其武器装备、补给品登陆而专门制造的舰艇。它包括多种不同类型的舰艇，如船坞登陆舰、两栖攻击舰等。

登陆艇的航速都在 20 公里 / 小时以下，续航能力仅 200~1000 公里。在登陆作战中登陆兵一般需乘运输船或军舰至登陆点附近的海域，再换乘登陆艇突击上陆。20 世纪 70 年代在美国、苏联又出现了气垫登陆艇，它的航速可达 90~130 公里 / 小时，并使登陆人员和车辆免去了渡水涉滩的过程，是具有独特两栖性和通过性的高速登陆工具。

◎ 发展历史

在专用的登陆舰艇出现之前，登陆作战是靠使用舰上的舢板和征用的民船进行的。古希腊、罗马的舰队就曾多次运送重甲步兵在地中海沿岸登陆作战。公元前 15 世纪，埃及法老也曾多次率战船在叙利亚登陆。中世纪，十字军首先使用了设有“大门”的平底运输船，船一开上滩头，“大门”打开，骑士们跃马扬戈，直冲海岸。所有这些用于运送将士的船只，都可以称得上是古老的“登陆舰”，是现代登陆舰的雏形。

21世纪初，海军的发展突飞猛进。为适应日趋激烈的战争需要，人们开始研制专门运输和遣送登陆人员及装备上岸执行战斗任务的登陆舰船。1915年，英国最早制造了舰的艏部有登陆桥的“比特尔”号，该舰航速5节，一次可运送500多名作战人员登陆。1916年，俄国黑海舰队使用了一种称作“埃尔皮迪福尔”（希腊文，意为“希望使者”）的船只。这是一种平底货船，吃水很浅，排水量100~1300吨，适于运送部队抵达海滩实施登陆作战。它被船史学家们认为是现代登陆舰的前身。在第一次世界大战后期，英、美曾改装和建造了一批与其类似的登陆艇，排水量在10~500吨，大小不等，艇上装备有机枪或小口径舰炮，艏部开有舱门，便于人员和车辆下船登陆。

然而，直到第一次世界大战开始，大多数国家仍然没有专门用的登陆舰，只有少数国家开始改装和建造专用的登陆舰艇，如某些驳船和摩托登陆艇等。

没有专门建造的登陆舰给登陆作战带来了

困难，甚至是失败，这是第一次世界大战给人们的经验和教训。例如1916年，英、法舰队在达达尼尔登陆时，因使用舰上舢板登陆而遭受一连串的失败后，又改用驳船和渔船，但终因没有专门登陆用的登陆舰艇，几次登陆作战均遭受惨重的损失。

鉴于第一次世界大战期间的教训，各国海军在战后都很重视登陆舰艇的发展，登陆舰艇不仅种类多、数量大，而且战术性能也有了较大的提高，出现了步兵登陆艇、车辆登陆艇、坦克登陆艇和火力支援艇等登陆舰艇。

第二次世界大战期间，由于大规模两栖作战的需要，如在欧洲，盟军要对德国占领地区登陆；如太平洋，美军要远渡重洋去夺取日军占领的太平洋中诸岛屿，因此加速了登陆舰艇的发展，出现了船坞登陆舰、两栖战指挥舰、两栖运输舰以及各种坦克登陆舰等。

在整个第二次世界大战期间，登陆舰艇不仅种类增多，数量更是大得惊人，从1939年至1945年中期，仅美国就建造了各类专用登陆舰艇46580艘。而战争中两栖战舰艇的使用数量也是大得惊人，如盟国军队在法国北部的诺曼底登陆战役中，共动用了4126艘登陆舰船，仅第一天就将13200多名登陆兵、800多辆坦克和战车、7000多吨弹药及物资等送上陆地。

第二次世界大战之后，现代登陆舰已趋完善，并形成了自己的特点：备有供技术兵器和登陆人员上下舰船用的装置、航海仪器、通信工具、导弹和火炮。通常一艘现代登陆舰能运送一个或几个分队的人员及其武器、技术兵器和加强器材，航速 20 ~ 25 节，带足备用油料时续航力可达 10000 海里。舰上有供登陆人员使用的住舱和生活舱，轮式和履带式技术装备可经跳板直接开上登陆舰，坦克、装甲输送车、汽车、导弹发射装置、火炮和其他技术装备均放在登陆舰舱中，并按航行要求用专门绳索固定。登陆舰上配有 20 ~ 127 毫米口径的火炮、大口径机枪、舰对地和舰对空导弹等。根据战斗情况、岸滩特点和航海条件的不同，登陆舰可将登陆兵直接送到岩上或者在海上进行换乘。换乘时，能航行的技术装备自行接岸，其他技术装备则由登陆上陆工具或直升机运送上岸。

◎ 具体分类

如果说航空母舰、潜艇、巡洋舰等舰艇都是由多种多样各具特色的舰艇组成的话，那么登陆舰的每一个分支更是千姿百态。因为毕竟其他舰艇的外型比较相近，而登陆舰艇的每一个分支却模样迥异，它们之所以拥有一个共同的名字，只是因为它们都是用于登陆作战而已。

（1）人员登陆舰艇

人员登陆舰艇是所有登陆舰艇中历史最悠久的一种，是用来运送登陆部队和技术兵器上陆的。其

大小不等，小的只有几十吨，称为人员登陆艇；大的几百吨，称为人员登陆舰。人员登陆舰艇的排水量一般在250～750吨左右，航速12～15节，每次可装载一个步兵连或一个步兵营，舰上装备高射炮和大口径机关枪。舰的艏部开有供人员上下的大门，有些人员登陆舰还可停放少量坦克。

（2）坦克登陆舰

坦克登陆舰是以运送坦克为主的登陆舰艇，其排水量大，尺寸大，装载量也大，是第二次世界大战中及战后较为注重发展的一种登陆舰艇。坦克登陆舰最明显的一个特征就是拥有巨大的、用来停放坦克和其他战斗装备的坦克舱。坦克登陆舰有大型和中型两种，大型登陆舰满载排水量为2000～10000吨，续航能力在3000海里以上，能装载10～20辆坦克以及数千名登陆兵。中型坦克登陆舰满载排水量600～1000吨，续航力1000海里以上，能装载坦克数辆和200名左右的登陆兵。坦克登陆舰航速为12～20节，易于在近海滩和浅水区航行。

历史上第一艘坦克登陆舰是第二次世界大战期间由油轮改装而成的。战后，坦克登陆舰有了新的发展，提高了航速，设置了直升机平台，装备了防空导弹，采用了侧向推进器、变距螺旋桨和新型登陆装置，战术技术性能有了较大的提高。

（3）坞式登陆舰

坞式登陆舰艇又称船坞式登陆运输舰，它是美国在第二次世界大战中为在欧洲开辟第二战场和在太

平洋岛屿实施登岛作战而研制的。坞式登陆舰内有一个或两个巨大的坞室，在艉或艏部有一活动水闸，水闸打开，艉（艏）部分沉入海水中，装载的登陆艇或两栖车辆可从坞室驶出。现代坞式登陆舰的满载排水量一般在5000～15000吨之间，总载重量在1500～2000吨，航速30~40公里/小时，可载10~20艘各类登陆艇，20~80辆两栖车辆和数架直升机。世界上具有代表性的坞式登陆舰有美国的“惠德贝岛”级船坞登陆舰、法国的“闪电”级船坞登陆舰、俄罗斯的“伊万·罗戈夫”级、意大利的“圣·乔治奥”级等。

（4）两栖战运输舰

两栖战运输舰是用来运输两栖登陆作战人员、作战物资和技术装备的，一般是在战时由商船紧急改装的，也有专门建造的。其排水量一般在10000吨左右，速度20节左右，一次可运送1000多名全副武装的登陆兵，由机械化登陆艇和直升机将舰上登陆兵和物资运送上陆。

两栖战货船与两栖战运输船相比，前者以运送军用物资和武器为主，后者则以运送人员为主。两栖战货船排水量在10000～20000吨左右，甚至更大；在甲板前后一般设有起重机，在艉部一般设有直升机平台。

（5）两栖攻击舰

在20世纪50年代，美军诞生了登陆战的“垂直包围”理论。它要求登陆兵从登陆舰甲板登上直升机，飞越敌方防御阵地，在其后方降落并投入战斗。这样可避开敌反登陆作战的防御重点，并加快登陆速度。两栖攻击舰便是在这种作战思想指导下产生的新舰种。1955 — 1960 年，美国将 7 艘老式的航空母舰改装为两栖攻击舰。1959 年 4 月美国开始建造世界上第一艘两栖攻击舰“硫磺岛”号，1960 年 9 月下水，第二年 8 月服役。它在外形上很像直升机母舰，有从艏至艉的飞行甲板。甲板下有机库，还有飞机升降机。它可载 12~24 架不同型号的直升机，必要时还可载 4 架 AV-8B 型垂直 / 短距离起降战斗轰炸机（英国“鹞”式飞机的引进型）。“硫磺岛”的满载排水量为 18000 吨，可运载一个加强陆战营（1746 人）及其装备，航速约 46 公里 / 小时，续航能力 1850 公里。

70 年代初，美国又建造了一种更先进、更大的登陆舰艇，被称为通用两栖攻击舰，它实际是集坞式登陆舰、两栖攻击舰和运输船于一身的大型综合性登陆作战舰只，它既有飞行甲板，又有坞室，还有货舱。以往运送一个加强陆战营进行登陆作战，一般需要坞式登陆舰、两栖攻击舰和两栖运输船只一共 5 艘，而通用两栖攻击舰只需一艘就可代替它们。世界上第一艘通用两栖攻击舰是美国的“塔拉瓦”号，它于 1971 年 1 月动工，1973 年 12 月下水，1976 年 5 月服役。它的满载排水量 39300 吨，航速约 44.5 公里 / 小时，续航能力 1850 公里。它可载 1 个加强战营的人员及装备，28~36 架不同类型的直升机。必要时还可载 AV-8B 型战斗轰炸机，10 艘不同类型的登陆艇或 45 辆两栖车辆。80 年代中期，美国又开始建造更大的“黄蜂”号通用两栖攻击舰。

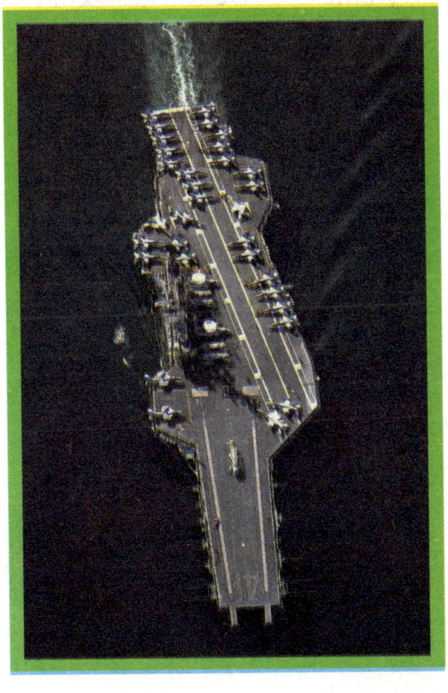

美国的“黄蜂”多级多功能两栖攻击舰是比较先进的两栖攻击舰，该舰长257.3米，宽42.7米，满载排水量40532吨，最大航速22节，航速为18节时续航力9500海里。除可运载1870名登陆兵外，它还可以运载气垫登陆艇3艘，CH–46E型“海骑士”直升机42架，“鹞”工式垂直短距离起降的飞机8架。这种与航母相似的两栖攻击舰也有飞行甲板，而且武器系统也十分先进，有“海麻雀”舰对空导弹和“密集阵”近程防御武器系统，还有作战指挥、登陆作战指挥系统和电子干扰系统。

（6）两栖战指挥舰

两栖战指挥舰出现在20世纪60年代末至70年代初，是专门担负两栖战的指挥任务、供两栖战指挥员和登陆部队指挥员指挥的两栖舰艇，舰上装备有大量的电子观察通信设备和战术数据处理系统，以保证战斗指挥、通信联络的畅通。其排水量与两栖攻击舰相近，航速20节左右，舰上可停几架直升机和几艘登陆艇。

在海湾战争中，美国的“蓝岭”级指挥舰小有名气，因为联军曾几次在该舰召开会议，研究登陆作战计划。这种指挥舰是目前世界上唯一的一种两栖作战专用指挥舰，舰长 194 米，宽 32.9 米，满载排水量 18372 吨，最大航速 23 节，航速为 16 节时续航能力为 13000 海里；可装载登陆艇 6 艘、多用途直升机 1 架，还可运载 800 名两栖陆战队员。

（7）气垫登陆艇

气垫登陆舰是用来协助大型登陆舰船把物资和人员从大型舰艇无法靠岸的系泊点卸运到岸上的上陆工具。早先的上陆工具是机动登陆艇和履带式水陆两用输送车，其缺点是速度慢，易受敌攻击。而气垫登陆艇航速高，通过性好，并具有两栖性。它可以通过障碍将人员、武器、物资直接运送上岸，中间不需要换乘，而且也不会引爆各种水雷。大多数气垫登陆艇为 100 多吨，可装载几十吨货物及 400 ~ 500 名全副武装的登陆人员，航速达 80 节。

美国的 LCAC 级气垫登陆艇是气垫登陆艇中的佼佼者。该艇长 26.8 米，宽 14.3 米，满载排水量为 170 ~ 182 吨，最大航速 40 节，航速 35 节时的续航力为 300 海里，既可装载坦克也可装物资。它一般都装载在“惠德贝岛”级船坞登陆舰和“黄蜂”级两栖攻击舰内，需要快速运载时，该艇即从母舰冲出执行任务。

布雷舰

布雷舰是用于在基地、港口附近、航道、近岸海区以及江河湖泊等处进行防御布雷和攻势布雷的水面战斗舰艇。布雷舰装载水雷较多，布雷定位精度较高，但隐蔽性较差，防御能力较弱，适合在己方兵力掩护下进行防御布雷。所以，一些国家建造布雷舰的目的主要是在近海和沿岸布设防御水雷，一般是一舰多用，在设计时就考虑到以布雷为主。布雷舰战时布雷，平时兼作扫雷母舰、训练舰、潜艇母舰、快艇母舰、指挥舰和供应舰等。多用途布雷舰设有直升机平台，用于载运布雷直升机。

◎ 分类与发展

布雷舰可分为远程布雷舰、基地布雷舰和布雷艇等。布雷舰有专门设计制造的，也有用其他舰艇或商船改装而成的。布雷舰，满载排水量 500 ~ 6000 吨，航速

12 ~ 30 节，可载水雷 50~800 枚；布雷艇，排水量在 500 吨以内，航速 10~20 节，可装载水雷 50 枚以内。布雷舰艇设有专门的水雷舱、引信舱、升降机、温湿度调节装置和布雷操控台等。舰尾甲板上设有 2 ~ 4 条雷轨，水雷布放前，在雷轨上作最后准备；布放时，水雷在雷轨上经链条输送机和布雷斜板按一定的时间间隔投布入水。布雷舰艇装备有少量自卫武器，还装备有较完善的导航设备，以保证布设水雷雷阵的精确位置和水雷间隔。

在第一次世界大战中，布雷舰有了发展，并在水雷战中发挥了作用。在第二次世界大战中，交战各国共有布雷舰近 60 艘（不含苏联）参战。战后，一些国家的海军趋向于主要使用飞机和潜艇进行攻势布雷，也使用布雷舰和其他水面舰艇担负一定的布雷任务。因此，除少数国家外，其他国家已不再建造布雷舰，有的国家则将布雷舰兼作扫雷母舰或训练舰使用。

1892 年，俄国最早建成布雷舰 2 艘。在日俄战争（1904—1905 年）中，交战双方都用布雷舰艇在中国旅顺口外进行水雷战。第一次世界大战中，出现了巡洋布雷舰、驱逐布雷舰、高速布雷舰、舰队布雷舰、近海布雷舰和布雷艇等。参战各国

的布雷舰艇与其他舰艇共布设 30 万枚锚雷，在战争中发挥了重要作用。第二次世界大战中，布雷舰艇得到进一步发展，交战各国有布雷舰 59 艘（不含苏联），苏、德等国还专门建造了布雷潜艇。参战的布雷舰艇和其他舰艇及飞机共布设水雷约 80 万枚。第二次世界大战后，由于

航空兵和战斗舰艇的发展，使用布雷舰艇到敌方基地、港口进行攻势布雷变得日益困难，一些国家的海军趋向于改用潜艇和飞机进行攻势布雷，其他水面舰艇也可用于布雷，不再建造专用布雷舰艇。美军在越南战场中就广泛使用航空兵和布雷舰布设防登陆水雷。只有少数国家还在新建布雷舰，并用以兼作扫雷母舰或训练舰。

在海湾战争中，美国3艘大型航空母舰“独立号”、“肯尼迪号”、“萨拉托加号”率领45艘各种战列舰、巡洋舰游弋在波斯湾，35000名海军和海军航空兵执行着海上封锁任务。这是越南战争后美军采取的最大的一次海外军事行动。在多国部队中，美军的实力远远超过了其他力量，起着举足轻重的作用。英国皇家海军的4艘军舰和3艘扫雷艇也迅速开进波斯湾，协助美军遂行海上任务。伊拉克在强大海军压境的情况下，为了防止多国部队从海上登陆，采用布雷舰、潜艇和飞机在近岸海区布水雷。从一定意义上讲，海湾战争也是一场布雷与扫雷的水雷战。只有少数国家还在新建布雷舰，并用以兼作扫雷母舰或训练舰。

◎“珍珠港”事件

1940年春夏之际，希特勒以“闪击战”横扫西欧，英军退守英伦三岛，日本军国主义者认为这是向南推进，夺取英法荷在东南亚的殖民地，攫取战略资源的大好时机。日本朝野上下爆发出阵阵“不要耽误了末班车”的嚣叫，近卫文磨在东条英机等陆军将领的支持下再次组阁。近卫一上台便马上决定与德、意建立军事联盟，扩大侵略。1940年9月27日，日本与德、意签订了三国同盟条约，矛头直指美英。

日本海军联合舰队司令官山本五十六海军上将认为，对日本占领东南亚造成最大威胁的是美国。一旦日美开战，美国太平洋舰队主力必然会从珍珠港出击，从侧翼对日军的东南亚进攻进行牵制。因此要去掉后顾之忧，必须首先摧毁美国太平洋舰队在珍珠港的主力，迫使美国订立城下之盟。

1941 年 2 月，山本制定“Z 作战计划”，其成功完全依赖于两个靠不住的假设：一是在袭击时，美国太平洋舰队正停泊在珍珠港内；二是一支大型的航空母舰队在渡过半个太平洋时不被发现。一般来说，只有赌徒才会冒这个险，而山本恰恰是赌博高手，他常对他身边的参谋说，赌徒的思维在他思考问题时经常起作用：一半靠计算，一半靠运气。他决心要大赌一场：“或是大获全胜，或是输个精光。假如我们袭击珍珠港失败了，这仗就干脆不要打了。”

由于“Z 作战计划”过于冒险，不仅海军军令部极力反对，就连执行奇袭任务的第一航空母舰特混舰队司令长官南云忠一海军中将起初也表示怀疑。但山本坚持己见，认为同美国交战本身就没有什么获胜的希望可言，明知如此，还要硬打的话，就只有一开始就尽全力先发制人，给敌人狠狠一击，给敌人造成困难和障碍。除此之外，别无他法。日海军军令部犹豫不决，山本最后提出：如果海军军令部不同意“Z

作战计划”，他将不惜辞去联合舰队司令官职务，他同时还表示，如果南云海军中将不完全赞同，那么就由他亲自率领航母舰队出征。面对山本最后的要挟，日海军军令部不得不批准了“Z 作战计划”。

定好计划后，日本立即投入了紧张的备战：日军鱼雷轰炸机的飞行员在南方鹿儿岛海湾上空模拟珍珠港地形，进行特技表演似的攻击训练。与此同时，海军情报部门向夏威夷派出了间谍，侦察美太平洋舰队进出珍珠港的情况；为了保证袭击成功，防止泄密，除了参与策划的人员外，包括航母舰长在内的其他人员无一人知道有作战任务；让海军士官学校的学生穿上止式军服到东京参观，造成日本海军没有任何战争准备的假象，以欺骗国外视线；为了进一步迷惑美国，外交部派遣前驻德大使来栖三郎作为“和平特使”赴美，协助野村舍三郎大使与美国进行和平会谈。

在诸多准备基本就绪后，11 月 5 日，山本根据军令部的指示下达了“联合舰队绝密第 1 号作战命令”，概括了行动开始后的第一阶段内海军的战略，不仅包括对珍珠港的袭

击，还包括要对马来西亚、菲律宾、关岛、威克岛、香港和南洋等地同时进行袭击。山本又把所有舰长和飞行队长都集中在他的旗舰“长门”号上，把袭击珍珠港的计划告知了他们。在24小时内，山本又发布了第2号命令，初步确定袭击时间为12月8日，星期日，凌晨3时30分（夏威夷时间12月7日，星期日，凌晨8时）。日本进入了临战状态。

11月16日，代号为“机动部队”的特混舰队在内海口集中。这是一支庞大的舰队，由海军中将南云忠一指挥，包括6艘航空母舰、2艘配备有14英寸口径大炮的快速战列舰、2艘重型巡洋舰、1艘轻型巡洋舰、9艘驱逐舰、3艘油船和1艘给养船。

根据山本五十六的命令，南云机动部队为了隐匿作战意图，故意错开了各舰艇编队的出发日期，于17日陆续开始向舰队集结地点——千岛群岛南端择提岛（现属俄罗斯）的单冠湾进发。

1941年11月24日，根据山本的指令，参战舰船集结完毕，即作好了远航最后准备。11月25日，山本向南云发出了绝密作战命令：“机动部队务于11月26日出发，竭力保持行动隐蔽，12月3日傍晚进入待机海域并加油完毕。”

11月26日晨6时，南云机动部队起锚出港，由3艘潜艇为先导，悄消地航行在波涛汹涌的北太平洋上，极其诡秘地驶向北纬42°、西经170°的待机海域，他们将在那儿等待最后命令——进攻。

与此同时，华盛顿的日美谈判还在装模作样地进行。日军还派出大量舰机在日本本土活动，并模拟航空母舰编队，频繁进行无线电联络，以给美国造成“其主力舰队仍在本土活动”的错觉。而珍珠港的美军则疏于防范，周末照常放假，港内一派和平景象（近来有历史学家认为，当时美国最高当局已获悉日本舰队出动的的情报，但罗斯福总统和总参谋长马歇尔决定不通知珍珠港守军，让珍珠港遭受日军的攻击，为美国参战找到借口）。

南云机动部队一直保持着无线电静默，只收不发，沿预定的北航线向东迂回前进，以避开美国的巡逻飞机和商船。航行出人预料的顺利，连日来浓云密布，如一个天然的帷幕将庞大舰队的行动遮蔽了起来，海面也没有出现冬季常常掀起的巨浪。

12月2日，正当南云机动部队刚刚越过东西经日期变更线，进入中途岛以北的西经海域时，山本用新密码给南云发出来密令：“攀登新高峰1208”，意即按原计划12月8日（夏威夷时间12月7日）发起攻击。南云随即下令各舰长熄灯行驶，并把“Z作战”行动向全体官兵传达，随时作好战斗准备。

12月3日，南云机动部队转向东南。12月6日，油船给部队加满了最后一次油，离开编队。作战部队随即转向正南，航速增加到24节，高速逼近珍珠港。12月8日（夏威夷时间12月7日）黎明，南云机动部队到达珍珠港以北约230海里处。航空母舰开始转变航向，朝北逆风行驶。南云的旗舰“赤城”号升起了“Z”字旗。

12月7日早上6时，南云机动部队接到了进攻命令，各航空母舰的飞行甲板上的绿灯亮了，飞机一架接一架飞离航母，不到15分钟，担任第一波攻击任务的183架飞机就全部飞离甲板，其中战斗机43架，水平轰炸机49架、鱼雷机40架，俯冲轰炸机51架。这些飞机在领航机信号灯导引下，迅速编好队形，然后绕舰飞行一周，在渊田美津雄海军中校的率领下扑向珍珠港。

此时美军太平洋舰队停泊在珍珠港内的舰船计有战列舰8艘、重巡洋舰2艘、轻巡洋舰6艘、驱逐舰29艘、潜艇5艘、辅助舰船30艘。岸上机场停有飞机262架，其余的2艘航空母舰、8艘重巡洋艇和14艘驱逐舰分别在威克岛、中途岛运送飞机，以及在约翰斯顿岛演习。由于是星期天，大部分官兵离开了战斗岗位，整个珍珠港呈现出一派假日景象，没有一点戒备。

7时49分，日军发出突击信号，各飞行突击队立即展开攻击队形，俯冲轰炸机队率先顺山谷进入。7时55分，成批炸弹暴雨般倾泻到美太平洋舰队基地四周的希凯姆机场、惠列尔机场和福特岛机场，将机场上成比翼排列的数百架美机炸成一堆堆废铁，摧毁了机库。仅仅几分钟，日本人彻底敲掉了珍珠港的防空设施，向“赤城”号航空母舰上的南云拍发了袭击成功的信号：“虎！虎！虎！”

7时57分，日本鱼雷机从几个方向突入，在仅仅掠过水面12米的高度上，向福特岛东西两侧的美国军舰发射鱼雷。8时05分，日本水平轰炸机从正西方向进入，再次轰炸了福特岛东侧停泊的战列舰，同时轰炸了高炮火力集中的依瓦机场。大火和爆炸引起的烟雾，顿时遮蔽了整个珍珠港，不少美国军舰来不及作战斗准备就沉入海底。8时40分，第一攻击波攻击结束，日机顺利完成首次空袭任务后安然返航。

日军担任第二波攻击的168架飞机于7时15分起飞，8时46分展开攻击队形，从瓦胡岛东部进入，8时55分开始攻击。俯冲轰炸机主要攻击浓烟滚滚的美国舰船，水平轰炸机则继续攻击各机场，战斗机担任空中掩护。与此同时，潜入珍珠港内的日本袖珍潜艇施放水雷，发射鱼雷，攻击美舰，封锁港口。

日机第一攻击波突然袭击开始时，美军混乱不堪，惊慌失措，毫无招架之力。岛上高射炮直至6分钟后才零星射击，33个高炮连，仅有4个连开火，击落日机甚少。港内的军舰在最初的几分钟内，几乎没人能够意识到正在发生什么事情。排列在舰列最后的战列舰“内华达”号刚升起旗舰，就被日机上的机关炮刹那间撕得粉碎，大惊失色的升旗手紧接着又升起几面星条旗，无一不被打烂。当第一枚鱼雷命中战列舰“亚利桑那”号时，美国人还是一副难以置信的表情。战列舰“马里兰”号正在升旗，一名水兵漫不经心地对一群冲向附近的机场飞机看了一眼，还以为是自己的飞机，没等他回过神来，炸弹已落在头上。直到8时，美太平洋舰队司令部才把一份十万火急的电报发往海军部：“珍珠港遭空袭，这不是演习。”此时，“俄克拉荷马”号和“西弗吉尼亚”号已被炸裂了，“亚利桑那”号和1000名水兵也被弹药库引发的一系列毁灭性爆炸淹没了。直到这时，美军舰上惊魂初定的高射炮手才投入战斗，但奏效甚微。8时15分，美军未遭日机轰炸的哈罗瓦机场起飞了4架战斗机，此后陆续起飞25架，与日军飞机展开了空战。但由于寡不敌众，仓促应战，协同

不好，美军战斗就或被日军战斗机击落，或被美军自己的高射炮击毁。正在返航的美航空母舰“企业”号上18架俯冲轰炸机，和从美国本土飞来的12架“空中堡垒”式飞机，刚飞到珍珠港上空，就遭到日本“零”式战斗机的攻击。一名美军飞行员喊到“不要开炮！不要开炮！这是美国飞机！”话音刚落，他的无线电波就消失了。在将近2个小时的时间里，日本人控制着珍珠港的海空，随心所欲地进行着轰炸扫射。

8时50分，正当日本第二攻击波飞机飞临瓦胡岛上空时，美国国务卿赫尔才接到野村大使和来栖特使递交的最后通牒，日本外交部规定递交通牒的时间是华盛顿时间下午1时，延误了50分钟，目的是把袭击时间保持到开战前半小时，避免“偷袭”和“不宣而战”的臭名。赫尔顿时目瞪口呆，愤怒地说：“在我整整50年的公职生活中，从未见过这样一份充满卑鄙的谎言和歪曲的文件。”日本人无言以对，狼狈退出门去，门已关上了，这时赫尔破口大骂：“无赖，该死！”

10时整，日本飞机全部撤离珍珠港，返回母舰。得意洋洋的渊田要求南云再发起一次攻击，摧毁珍珠港的修船厂和油库，并建议派出搜索机，搜寻美航空母舰。南云没有同意，他认为这一战，舰船油料几乎耗尽，如果在这里耽搁，舰船就开不回去了。于是他下令北撤。同来时一样，日本舰队迅速地、静悄悄地溜走了。而此时美国人几乎还处于目瞪口呆之中。

这是一场海上、水下、空中闪

电式的立体袭击战，在短短的的1个多小时里，日军共投掷鱼雷40枚，各型炸弹556枚，共计144吨。美军有4艘战列舰即“亚利桑那”号、“加利福尼亚”号、“西弗吉尼亚”号、“俄克拉荷马”号，以及1艘布雷舰“奥格拉拉”号、1艘靶舰“犹他”号沉没；1艘战列舰、3艘巡洋舰、3艘驱逐舰重创，3艘战列舰、3艘巡洋舰、5艘辅助舰轻伤；飞机被毁260架，伤63架；人员死亡2334人，失踪916人，伤1341人。

“加利福尼亚”号、“西弗吉尼亚”号后来被打捞起来，重新参战。美军也对沉没的“亚利桑那”号进行过探察，看看是否有打捞的可能，最后见实在没有希望，就将暴露在水面上的舰体拆除，水底部分的舰体仍留在沉没的地方。1962年12月7日珍珠港纪念日，在该舰的残骸上建成珍珠港纪念馆，现在已成为夏威夷最著名的游览胜地。“俄克拉荷马”号后被扶正，并被拖走，虽然也进行过修复，但徒劳无功，后于1944年9月退役，1947年5月17日在拖回美国本土的途中遭遇风浪沉没。“犹他”号是1909年下水的老战列舰，已拆除了大部分武备而被降格为靶舰，所以美军没有进行挽救。布雷舰“奥格拉拉”号建成于1907年，是珍珠港内最老的军舰，早已极少升火起航，据说连烟囱里也有海鸟筑巢，自然美军也不会进行修复。所以实际上美军在偷袭珍珠港中最终的损失，就只有这四艘军舰。

也有不同资料称，美军被沉4艘战列舰、1艘巡洋舰、2艘驱逐舰，伤4艘战列舰、4艘巡洋舰、1艘驱逐舰、8艘辅助舰；飞机被毁188架，伤159架；人员死亡2403人，失踪255人，伤1178人。综合而言，美军在珍珠港的大型军舰损失约50%，飞机损失约70%，人员伤亡约三四千人。

尽管偷袭的主要目标——美国太平洋舰队的3艘航空母舰及22艘其他军舰不在珍珠港，而且油库、造船厂未遭破坏，但是日军此次偷袭作战组织周密，行动果敢，代价小，战果大，堪称突袭战例的经典之作。山本五十六也因此名扬世界战争史。

珍珠港上空的滚滚硝烟和美国士兵的鲜血使美国国内的孤立主义一夜之间销声匿迹。12月8日中午，因行动不便而一向深居简出的罗斯福总统作出了异乎寻常的举动，亲自前往美国国会，而且没有坐轮椅，而是由他的长子扶着走进大厅，向美国参、众两院发表了为时6分钟

的讲演。罗斯福开门见山地说：“昨天，1941 年 12 月 7 日，美国遭到了蓄意的猛烈攻击，这个日子将永远是我们的国耻日！——美利坚合众国受到了日本帝国海空部队的蓄意进攻……”最后他说：“我要求国会宣布，自 1941 年 12 月 7 日，星期日，日本无端和怯懦地发动进攻开始，合众国与日本帝国之间就已存在着战争状态。”不出一小时，参、众两院一致通过了罗斯福的宣战要求。当天下午，美国政府对日宣战。

英国首相丘吉尔对此感到非常高兴，他在得知日本偷袭珍珠港的消息之后的第一句话就是“好了！我们总算赢了。”事情完全出乎了他的意料，他想不到竟然是日本人帮了他大忙。曾几何时，为了把美国拖进战争，他费了九牛二虎之力，到头来也只搞到一个《租借法》，而日本人的行动却使美国人不得不痛下决心投入一场全球战争。当天，英国宣布同日本处于战争状态。

与丘吉尔的反应相反，希特勒对此大为恼怒。据希特勒身边的工作人员说，他在得知日本偷袭珍珠港的消息后，暴跳如雷，在场的人被吓得目瞪口呆。希特勒始终没忘记美国的干涉对第一次世界大战结局所起的决定性作用。他认为德国征服欧洲、摧毁苏联、最后制服英国的目标是可以实现的，但必须有一个条件：美国不介入。因此他尽量不给美国以参战的借口。他甚至在 1939 年 9 月向德国海军将领下达了严格的命令：“任何德国潜艇不准在大西洋攻击美国船队”。但珍珠港事件使美国人终于找到了参战的借口，希特勒的世界性战略功亏一篑。

1941 年 12 月 9 日，美国正式对日本宣战，10 日又对德、意宣战。接着澳大利亚、新西兰、加拿大等近 20 个国家也相继对日宣战。11 日，德意作出反应，对美宣战。美国也同样对德、意宣战。至此，战争名副其实地打成了一场世界大战。在那个全球战争的第一个夜晚，温斯顿·丘吉尔心满意足地安然入睡。夏尔·戴高乐对帕西上校说，今后“应作好解放法国的准备……”

第四章　世界著名舰艇

现代军舰曾经在海战舞台上，特别是在一战、二战期间进行过大规模有声有色的表演，演出了无数幕威武雄壮的戏剧。在此过程中，舰艇接受了战争的洗礼，而且在战争中积累的经验也使得舰艇的发展变得更为迅速。第二次世界大战后，大批旧式舰艇陆续退役，少数进行了现代化改装。随着舰载武器、动力装置、电子设备、造船材料和工艺的迅速发展，舰艇的发展跨入了现代化阶段。20 世纪 50 年代初期，航空母舰开始装备喷气式飞机和机载核武器，并采用斜角甲板、新式起飞弹射器、升降机、降落拦阻装置和助降系统。二战后，在朝鲜战争、越南战争、马岛战争、海湾战争，及科索沃战争、阿富汗战争、伊拉克战争中，虽然没有发生多少大规模的海战，但军舰还是被大量用于参与军事行动，并在战争中发挥了重要的作用。本章我们就从航母、大型舰艇、中小型舰艇、辅助舰艇以及潜艇这五个方面来介绍一些在世界海战史上或舰艇发展史上占据了重要地位的世界著名舰艇。

航空母舰

◎ 美国的第一艘航母："兰利"号

自从莱特兄弟发明了飞机后，美国海军就想把飞机装上军舰，想从军舰上起飞飞机。

1910年1月9日，美国海军在“伯明翰”号巡洋舰的甲板上制作了一块向前倾斜的平台，并在平台上铺设了一条长25.3米、宽7.3米的木制飞行跑道，用于飞机起飞。那年11月14日，“伯明翰”号巡洋舰停泊在美国东海岸一处锚地，它的艏部甲板上停着一架单座双翼飞机“金鸟”号，舰员忙碌不停，起飞的命令终于下达后，“金鸟”号双翼飞机的发动机开始转动，机身迅速向前滑去。飞机离开甲板时，机头向海面扎去，驾驶员伊利操纵尾舵，将飞机拉起。“金鸟”号双翼飞机贴着海面飞行了几千米后，在一处海滩上安全着陆。第一次从军舰上起飞飞机的试验获得成功。

1911年1月18日，美国海军又在重巡洋舰“宾夕法尼亚”号上进行了飞机着舰试验。军舰抛着锚，舰尾朝着迎风方向，试验飞机对着军舰尾部的木制跑道俯冲下来。在木制跑道上，每隔一米设置了一道绳索，绳索两端用沙袋固定。在军舰后甲板的木制

跑道上共设置了22道绳索，组成拦阻索，用于帮助飞机平稳停降。

飞机着舰试验开始了，试验飞机从旧金山海岸起飞，向着处于锚泊状态的“宾夕法尼亚”号飞去。当试验飞机在接近军舰木制跑道的尾板时，驾驶员拉起机头，关闭发动机。飞机机身下装着的特别钩子钩住了一道道拦阻索。飞机终于平稳地停降在军舰的甲板上。飞机第一次在军舰上进行的着舰试验也成功了。

虽然美国海军最早完成飞机在军舰上的起飞和着舰试验，但是美国海军对发展航空母舰并不热心。直到英国的水上飞机母舰的舰载飞机在第一次世界大战中取得引人注目的战绩后，美国海军才下决心着手建造航空母舰。

美国的第一艘航空母舰“兰利”号是由一艘排水量为5500吨的运煤船“木星”改装而成的。运煤船上的煤舱和起重机被拆除，甲板上铺上长165.3米、宽19.8米的全通式飞行甲板。经过改装后的“兰利”号满载排水量达到14700吨，可搭

载34架舰载飞机，包括战斗机12架，侦察机12架，鱼雷机4架和水上飞机6架。这些舰载飞机被分别储存于两个机库中。由于形状怪异，"兰利"号航空母舰曾被称为"带蓬马车"。

"兰利"号航空母舰于1922年改装完毕，同年10月，在上面进行了战斗机着舰试验，1923年又进行了各种作战运用试验。1924年，"兰利"号航空母舰被编入美国海军大西洋舰队，服役后一直用于训练。1936年10月，"兰利"号被改装成水上飞机母舰。1942年2月27日，"兰利"号在爪哇海被日军战机炸沉。

虽然"兰利"号航空母舰未能为美国海军建立战功，但是它作为美国的第一艘航空母舰正式在美国海军中服役，标志着航空母舰作为一个新舰种已经正式登上了海战舞台。

◎ 最早的水上飞机母舰：英国"皇家方舟"号

法国最早组建海军航空兵部队，将一些飞机安装上浮筒，改装成水上飞机。1912年，法国海军将一架装有浮筒的水上飞机搭载在"雷电"号战列舰上。但是，法国海军仅想到在大型水面舰船上搭载水上飞机，却没有想到建造水上飞机母舰。

英国海军组建海军航空兵稍晚于法国，也装备有水上飞机。起先，水上飞机也搭载在战列舰、巡洋舰等大型军舰上。其后，英国海军尝试建造一种专用的搭载水上飞机的母舰，即水上飞机母舰。1913年5月，英国海军对一艘排水量为5700吨的轻巡洋舰"竞技神"号进行了改装，拆除了舰首和舰尾的火炮，在舰首安装了飞行甲板，作为起飞平台；舰尾甲板作为停机平台。在军舰的主桅下面设置有一个机库，装载3架“肖特”式水上飞机，主要用于侦察。这样，英国的“竞技神”号就成了世界上第一艘改装而成的水上飞机母舰。不幸的是，它在第一次世界大战中被德国潜艇用鱼雷击沉了。

世界上第一艘专门建造的水上飞机母舰是英国的“皇家方舟”号，它原是英国的一艘运煤船，排水量7450吨。1913年，英国海军对其进行了重新改装，将舰上的烟囱和舰桥往后部移动。这样，在艏部甲板上腾出了一块长40米的空间，作为飞行甲板，在甲板上还安装了用于起吊水上飞机的起重机。“皇家方舟”号上还设置有专门的机库，用于存放水上飞机。

改装完工的“皇家方舟”号水上飞机母舰长112米，宽15.3米，吃水5.3米，排水量7450吨，动力装置为蒸汽机，功率2206.5千瓦，航速106节；舰上装有10门火炮、2挺机枪，可搭载10架“肖特”式水上飞机。这些水上飞机由设置在前甲板的2台起重机吊放到水面或水面回收。水上飞机只有在水面才能起飞或降落，在吊放或回收水面飞机时，水上飞机母舰必须停下来，才能进行作业。

“皇家方舟”号水上飞机母舰于1914年建成服役。在第一次世界大战中，英国“皇家方舟”号水上飞机母舰参加了地中海海战。

1914 年 8 月，英国海军又把 3 艘在英吉利海峡运营的海峡渡轮：“恩加丹”号、“里埃维拉”号、“女皇”号，改装成了小型水上飞机母舰。每艘水上飞机母舰可搭载 3 架水上飞机，航速 21 节。这样，英国皇家海军就建成了世界上第一支搭载水上飞机的航空母舰编队。

1914 年 12 月 24 日，英国的 3 艘水上飞机母舰和 2 艘巡洋舰、10 艘驱逐舰组成特混编队，对弗里西亚群岛的德军飞艇基地进行攻击。12 月 25 日，从“恩加丹”号等 3 艘水上飞机母舰上起飞的 9 架水上飞机，只有 7 架在空中编成战斗队形。由于低空浓雾密布，水上飞机无法发现德国飞艇基地，只得转向对停泊在库克斯港的德军舰船实施了攻击。虽然没有取得战果，但它证明了一点：水上飞机母舰可以用其搭载的水上飞机进行空中攻击。

◎ 第一艘起降战斗机的航母：英国“暴怒”号航空母舰

水上飞机母舰搭载的水上飞机的战斗性能不如陆上的战斗机，为此英国海军决定尝试在军舰上搭载战斗机。

1917 年初，英国皇家海军的“幼犬”式单座双翼战斗机成功地在水上飞机母舰的飞行甲板上滑跑起飞，使得英国皇家海军大受鼓舞。于是，英国海军对 22 艘巡洋舰进行了改造，在巡洋舰的主炮塔顶部建造了 61 米长的起飞平台，并在舰上配备“幼犬”式战斗机。英国海军用这些舰载战斗机曾成功拦截了德军的“齐柏林”飞艇。

但是，搭载在英国巡洋舰上的舰载战斗机从起飞平台上起飞后，无法再返回，只能在海面上迫降，飞行员由军舰救起，而飞机只好遗弃。舰上搭载的“幼犬”式战斗机

进行的近乎是“自杀性攻击”，有去无回。为此，英国海军决定建造真正意义上的航空母舰，使之可以在甲板上起降战斗机。

1917年3月，英国海军决定将一艘正在建造的大型巡洋舰“暴怒”号改建成飞机母舰。改建后的“暴怒”号被称为飞机搭载舰，它的标准排水量19513吨，舰长239.7米，舰宽26.8米，以蒸汽轮机为动力，航速31.5节。在它的舰体前半部拆除了火炮，铺设了一条70米长的飞行甲板，上面铺有木制飞行跑道，可搭载10架飞机，其中6架为“幼犬”式战斗机，4架为“肖特”式水上飞机。战斗机可在飞行甲板上起降，而水上飞机则利用舰上的四轮车滑跑起飞，返回时水上飞机先降落于水面，再由舰上的吊车将其吊回舰上。

◎ 夜袭塔兰托的先锋：英国“光辉”号

二战期间，舰载航空兵的一次出色表现是英国海军航空兵夜袭塔兰托。这次战斗中，英军击沉意大利战列舰1艘，重创2艘，击伤巡洋舰和辅助舰船各2艘，创造了辉煌战绩，其中立下主要功劳的就是英国“光辉”号航空母舰。

“光辉”号是英国“光辉”级航母的首制舰，于1940年8月加入英国海军地中海舰队。该舰长229.7米，宽29.2米，吃水7.3米，标准排水量23000吨，以蒸汽机为动力，功率80905千瓦，航速32节，舰载机36架，有“剑鱼”式鱼雷攻击机和“鼻燕”式战斗机。该舰装有坚固的装甲，顶部装甲厚76毫米，舷侧装甲厚114毫米。舰上还装备了对空警戒雷达。“光辉”号服役不久后就成了英国海军主力。

1940年11月11日，英国海军以“光辉”号航母为核心，利用舰载机袭击了意大利海军基地塔兰托。塔兰托是意大利海军位于地中海的基地，停泊有70余艘军舰。由于该港战略位置重要，意大利海军采取了严密的防御措施：在海港中配备了21个炮兵连，在外港设置了4200米防雷网，在海港上空又设置了90个拦阻气球，以防备英军战机闯入塔兰托空域。

当夜幕降临时，塔兰托军港实行了灯火管制。在港外，意军巡逻艇来回巡逻。英国航空母舰编队悄悄航行，保持无线电静默。11月11日18时，以“光辉”号为核心的英国航母编队顺利抵达克法利尼亚海区，“光辉”航母在护航舰艇的掩护下加速航行。

20时30分，航母编队距塔兰托港只剩270公里时，夜袭塔兰托的战斗开始了。第一攻击波由12架“剑鱼”式鱼雷攻击机组成4个飞行小组飞入云层。2架“剑鱼”式攻击机在港口上空投下照明弹，把军港照得如白昼般明亮。6架“剑鱼”式攻击机分成2个机队扑向港内意军战列舰锚地：一个机队从西部进

入港内，一架鱼雷机被意军高炮击中，坠入大海，但其投射的鱼雷命中了意军战列舰；另一个机队从西北方向进入港内后，立即对港内停泊的意军战列舰进行鱼雷攻击，2枚鱼雷命中意军“利托利奥”号战列舰。与此同时，4架携载炸弹的“剑鱼”式攻击机开始轰炸港内停泊的意军巡洋舰、驱逐舰及码头设施。塔兰托军港就像一个被捅翻的马蜂窝，乱作一团。

当第一攻击波的最后一架战机撤出战斗后，英军的第二攻击波战机接踵而来。2架挂载炸弹的“剑鱼”式攻击机共投下24枚照明弹，把夜空照得雪亮。5架“剑鱼”式鱼雷攻击机投射了5枚鱼雷，其中1枚命中已遭重创的“利托利奥”号战列舰，使其舰体折断，沉入大海。还有一枚击中意军的另一艘战列舰，使它动弹不得。

塔兰托军港遭到灭顶之灾，但意军还蒙在鼓里，不知战机来自何方。11月12日凌晨1时，凯旋而归的“剑鱼”式战机一架架降落在“光辉”号航母甲板上。拂晓，以“光辉”

号航母为核心的英国特混编队撤离了战区。夜袭塔兰托一战中，“光辉”号航母上21架“剑鱼”式攻击机仅用一个多小时就击沉了意军战列舰1艘，重创2艘，击伤意军巡洋舰、辅助舰各2艘，充分显示了航空母舰和舰载航空兵在现代海战中的巨大威力。

◎ 寿命最短的航母：日本“信浓”号

在航空母舰发展史上寿命最短的航空母舰是日本在第二次世界大战期间建造的“信浓”号重型装甲航空母舰，服役不到一个月就被美国潜艇击沉。

“信浓”号原是继“大和”号、“武藏”号之后的第三艘“大和”级战列舰。在中途岛海战后，日本海军看到超级战列舰已日落西山，无发展前途，便决定将“信浓”号改建成航空母舰。改造后的“信浓”号航空母舰标准排水量62000吨，舰长266米，舰宽38米，吃水10.31米。舰上飞行甲板长256米，宽40米，动力装置为4台蒸汽轮机，12座锅炉，总功率110 325千瓦，航速27节。它在航速18节时的续航力为10000海里，载有舰员2400名。

“信浓”号航母上搭载了44架舰载机，其中战斗机20架，攻击机24架。舰上装备有多种口径的火炮武器，有8座双联装127毫米舰炮，35座3联装25毫米舰炮，40座单管20毫米舰炮，用于自卫和防空。舰上的装甲防护能力强，飞行甲板装甲厚度75毫米，上面还覆盖有200毫米厚的钢筋水泥层。在要害部分还加装防护甲板，可以抵御500千克炸弹的攻击。“信浓”号航母不仅可作为攻击型航空母舰，还可作为海上补给舰使用，可为其他航母补充舰载机，也可为战斗舰船补充弹药、燃油、淡水、食品，是海战中的补给基地。

为了满足战争需要，“信浓”号航母突击施工，许多工程项目还没有完工，就匆匆下水，编入现役。1944年11月19日，“信浓”号航空母舰被编入日本联合舰队作战序列。由于日本海军的大批航空母舰在海战中被击沉，海上战斗力量不足，刚建成、服役的“信浓”号受命紧急出航，参加了太平洋战争。

1944年11月28日，“信浓”号航空母舰在3艘日本驱逐舰的护卫下首次出航。它从日本横须贺启航，驶向吴军港。为了隐蔽，航母编队晚上航行实行灯火管制。当晚，在东京港以南100海里处，航母编队被在那里游弋的美国海军潜艇“射水鱼”号发现。美国潜艇在海面上以最快速度接近“信浓”号航母并跟踪着它。

11月29日凌晨2时42分，“信浓”号舰长阿部海军大佐接到通信官发现敌人潜艇的报告。阿部大佐并不害怕单艘潜艇，他担心的是遇

上水下“狼群”。于是，他命令航母掉转方向，转到210度航线上。

凌晨3时16分，美军“射水鱼”号潜艇抓住有利战机，占领有利阵位，向“信浓”号航母发射了6枚鱼雷，其中4枚命中舰体。鱼雷钻进“信浓”号舰体爆炸，舰体被撕开几丈宽的破口，引起熊熊烈火。由于航空母舰上的官兵刚刚上舰，没有实战经验，抢修不力，导致大量海水涌入舱室内部，舰体急剧倾斜。舰长阿部大佐只得下令弃舰。

11月29日10时56分，“信浓”号航空母舰的舰体在水中直立了起来，它的舰首指向蓝天，像一头怪兽，很快被汹涌的海水吞没。重型航空母舰“信浓”号首次出航便葬身海底，为世界海军史上寿命最短的航空母舰而被载入史册。

◎ 奇袭东京的明星航母：美国“大黄蜂”号

山本航母编队偷袭珍珠港对美

国是个沉重的打击，使美国上下受到极大震动。美国决意要对日本进行报复，以洗刷珍珠港事件的奇耻大辱。为此，美国海军太平洋舰队决定对日本发动一次猛烈的袭击，目标是日本首都东京。

日本远离美国本土，美国的远程轰炸机无法到达日本；美国航空母舰上的舰载飞机作战半径小，航空母舰必须驶近日本本土才能进行空袭；而美国航空母舰驶近日本本土，又会遭到日本陆基轰炸机的威胁，美国航母将会成为陆基轰炸机的攻击目标。

为了解决这个难题，美国海军太平洋舰队进行了精心策划，拟订了一个绝密计划：让美国航空母舰“大黄蜂”号载着美国空军的大型远程轰炸机B-25去袭击东京。

“大黄蜂”号是美国“约克城”级航母的三号舰，编号CV-8，于1941年建成服役。它的标准排水量为19900吨，舰长252.2米，宽34.8米，吃水6.6米。舰上装有4台蒸汽轮机，总功率88260千瓦，航速33节；航速20节时的续航力为8220海里。它的艏部为机库，有3部升降机，舰上可搭载90架舰载机。它的岛式上层建筑和烟囱连在一起，该种构造形式后来成为美国航空母舰的基本型。“大黄蜂”号与首制舰“约克城”号相比，增大了舰体和航速，同时还加强了甲板防护和水下防护，增强了防护力。

1942年4月2日，“大黄蜂”号航母在6艘美国水面舰艇的护卫下驶入茫茫无边的太平洋。在“大黄蜂”号

航空母舰甲板上停放着16架B-25轰炸机。为了停放这些空军的大型轰炸机，“大黄蜂”号还进行了特殊改装。4月13日，“大黄蜂”号航母编队与担任支援任务的美国海军第16特混编队在太平洋预定海域会合。第16特混编队核心是“约克城”级航母的二号舰“企业”号，它是“大黄蜂”号的姊妹舰。两支航母编队会合后，便一起朝日本东京方向驶去。

4月18日清晨，日本的一艘渔船发现了美国特混舰队，立即用渔船上的无线电向日本大本营作了报告。“大黄蜂”号航母上的报务员截获了日本渔船的无线电报，但美军特混舰队的行踪已经暴露。美军特混舰队的总指挥哈尔西将军心里清楚，特混舰队不能再按照原计划行进了。于是，他命令“大黄蜂”号上的B-25轰炸机提前起飞。当时，“大黄蜂”航母距日本海岸还有800海里。

8时15分，“大黄蜂”号航母拉响了战斗警报，舰长米切尔将军发出了出击命令。一架架B-25大型轰炸机从“大黄蜂”号甲板上起飞。9时20分，16架B-25大型轰炸机全部升空，在杜立特中校率领下向日本东京方向飞去。

美军 B-25 轰炸机群飞走后，航母编队迅速驶离危险海域，返回基地。16 架 B-25 轰炸机飞抵日本岛岸时超低空飞行，躲过了日本雷达网和高炮群。中午时刻，16 架 B-25 轰炸机出现在东京上空，投下几十枚炸弹。尽管这次空袭没有对日本造成重大伤亡，但是对日本震动很大。这是日本本土遭到的第一次空袭。

“大黄蜂”号奇袭东京成功，使美军士气高昂。“大黄蜂”号航母也由此声誉大振，成为第二次世界大战中的明星战舰。

◎ 海上巨无霸：美国“尼米兹”级航母

当今世界上，海军舰艇中吨位最大、技术最先进、战斗力最强的军舰便是美国的“尼米兹”级核动

力航母，它被人们称为“航母之王”、“海上巨无霸”，在世界各地的海洋上，都可以见到它的身影。

“尼米兹”级核动力航母均以历届美国总统或著名国会议员名字命名。它的首制舰“尼米兹”号编号 CVN-68，于 1968 年 6 月开工建造，1975 年 5 月服役。它的标准排水量 72916 吨，满载排水量 91487 吨，舰长 332.9 米，舰宽 40.8 米，吃水 11.3 米。其舰体构造采用封闭式飞行甲板，在机库甲板以下舰体为整体水密结构，在机库甲板以上为上层建筑，飞行甲板以上为岛式结构。

“尼米兹”级核动力航母是个海上庞然大物。它的飞行甲板比 3 个足球场还要大，分为 3 个区域：舰桥前方左侧是飞行甲板；左前方到右后方是斜角飞行甲板，供飞机降落；飞行甲板和斜角飞行甲板相交的三角地带是飞机临时停放区。该舰从舰底到桅杆顶有 76 米，相当于 20 层楼高；舰上装有 2 座核反应堆，驱动 4 台蒸汽轮机，总功率 191230 千瓦，航速 30 节以上；装填一次核燃料可持续使用 13 年，航程可达到 100 万海里，自恃力 90 天。

“尼米兹”级核动力航母上携载的舰载机可达 90 架，有 F-14“雄猫”战斗机、F/A-18“大黄蜂”战斗攻击机、A-6E“入侵者”攻击机、EA-6B“徘徊者”电子战机、E-2C“鹰眼”预警机、S-3A/B“北欧海盗”反潜机，还有直升机、加油机等。必要时舰载机可超过 100 架。除了装备舰载机外，舰上还装有 3 座 8 联装“北约海麻雀”导弹发射装置，用于对付来袭敌机和反舰导弹；3 座 6 管 20 毫米“火神”密集阵火炮系统，用于对付低空目标。

作为海上巨无霸的“尼米兹”级核动力航母，不仅具有强大的攻击力，还具有极强的生命力。在舰体内部有23道横隔壁、10道防火墙，全舰水线以下划分有2000个水密舱，所以即使被多枚炸弹、导弹、鱼雷命中，它也不会沉没。在舰体重要部位还装有63.5毫米厚的“克夫拉”装甲，能抵御穿甲弹打击。由于全舰采用封闭式构造，因而又具有了防核辐射、生物和化学污染能力。所以，“尼米兹”级航母是目前世界上生命力最强的军舰。

美国已建成8艘“尼米兹”级航母，编入现役。它们是美国战略威慑力量的重要组成部分，是美国称霸世界的工具。它们曾参与多次局部战争和危机事件。1980年4月，伊朗激进派占领美国大使馆，扣留人质。“尼米兹”号航母驶往伊朗海域，派出8架直升飞机，载着突击队员飞往伊朗首都，救出人质。1981年8月，“尼米兹”号驶往锡德拉湾，对比利时进行挑衅，从“尼米兹”号上起飞的“雄猫”战斗机击落利比亚2架苏制歼击机。

1990年8月爆发海湾危机，“尼米兹”级航母中的二号舰“艾森豪

威尔”号穿越苏伊士运河，驶向海湾，从西部方向对伊拉克形成战略威慑态势。1991 年 1 月海湾战争爆发后，“尼米兹”级航母中的“罗斯福”号进入波斯湾，与其他美国海军兵力一起，对伊拉克进行海上封锁，并空袭伊拉克军事目标。1 月 24 日，从“罗斯福”号上起飞的舰载机用机载导弹击沉了一艘伊军布雷舰，并击伤了另一艘。

2003 年 3 月，美、英发动的伊拉克战争中，“尼米兹”级航母中的“华盛顿”号、“杜鲁门”号参与了对伊拉克的军事行动，核动力航母再次在海湾地区发威，发挥了其战略威慑作用。

◎ 反潜战先锋：苏联“基辅”级航母

苏联建成第一代航空母舰“莫斯科”级航母之后，便开始发展第二代航空母舰——“基辅”级航母，首制舰就是“基辅”号。“基辅”号于 1970 年 7 月开工建造，1975 年 5 月建成服役，加入苏联海军北方舰队。

“基辅”级航母是反潜航空母舰，标准排水量 32000 吨，满载排水量 37100 吨，舰长 274 米，宽 47.2 米，吃水 10 米。舰上装有 4 台

蒸汽轮机，航速32节，18节航速时的续航力为13000海里。“基辅”级航母共建造了4艘，除首制舰“基辅”号外，2号舰为“明斯克”号，1972年动工建造，1978年2月建成并加入太平洋舰队；3号舰为“新罗西斯克”号，1975年动工建造，1982年建成，加入北方舰队，后配属太平洋舰队；4号舰为“巴库”号，为“基辅”级航母的改进型，1987年1月建成，加入北方舰队，1991年1月改名为“戈尔什科夫”号。

“基辅”级航母是一种重型航空母舰，苏联曾将它命名为“反潜巡洋舰”，因为它具有导弹巡洋舰的功能，又能起飞垂直/短距起降飞机，主要用于反潜战。为此，它应该归属于反潜航空母舰，是反潜战先锋。

在“基辅”级航母上采用的是轻型航空母舰通常采用的直通式平直飞行甲板，没有弹射器和拦阻设备。所以，它不能起降常规的固定翼飞机，只能供垂直/短距起降飞机和直升机起降。舰上能搭载13架“雅克-36”垂直/短距起降飞机和19架反潜直升机。

“基辅”级航母的艏部像巡洋舰，舰上所载的武器系统也不亚于巡洋舰。舰上装备有4座双联装SS-N-12舰对舰导弹发射装置，备

有导弹16枚，该型导弹为远程反舰导弹，射程550千米，可携载核弹头。舰上还装备有2座双联装SA-N-3舰对空导弹发射装置，2座双联装SS-N-4舰对空导弹发射装置，1座双联装SUW-N-1反潜导弹发射装置。除了导弹武器外，舰上还装备了2座76毫米双联装全自动火炮，8座30毫米6管全自动速射炮，2座12管火箭式深水炸弹发射器和2具5联装533毫米鱼雷发射管。

由此可见，“基辅”级航母上的舰载武器及其攻击能力相当于导

弹巡洋舰。由于“基辅”级航母将攻击、防御武器集于一体，具有远中近对空、对海防御能力，可减少航母对护卫舰艇的依赖。所以，“基辅”级航母不仅能执行远程反潜任务，还能用舰载机及舰上武器系统对陆地、海上目标进行攻击，实现两栖作战，还能执行海上侦察、舰队防空等多种任务。

“基辅”级航母服役后，对美国的航母和潜艇构成了一定威胁。但是，“基辅”级航母上的舰载机数量少，种类也不多，其作战能力无法与美国的大型航母相比。苏联解体后，由于政治、经济等多种原因，“基辅”级航母中的前三艘航母均已退役。其中的“明斯克”号还被中国的一家公司所购买，落户深圳，成为全球第一座以航母为中心的大型军事主题公园，对游人开放。

◎ 马岛海战明星：英国“无敌”号

1982年4月2日，阿根廷海军派出由40余艘战斗舰艇和20余艘其他舰艇组成的3支特混舰队登上位于南大西洋的马尔维纳斯群岛(简称马岛)。英国迅速作出反应，组成了一支以航母为核心、由40余艘舰船组成的特混舰队，奔赴南大西洋。

在英国特混舰队中有一艘引人注目的舰船，它便是服役不久的英国航母“无敌”号。“无敌”号是英国“无敌”级航母的首制舰，1973年7月开工建造，1980年6月服役。它是一艘轻型航母，标准排水量16000吨，舰长206.6米，舰宽27.5米，吃水7.3米，舰上装有4台燃气轮机，航速28节，18节航速时的续航力为5000海里。

“无敌”号航母有三个特点：一是采用滑翔式飞行甲板，上翘角7度。由于飞行甲板首部上翘，可以缩短飞机滑跑距离，增大起飞质量。它的飞行甲板为全通式，上层建筑、烟囱集中于右舷侧；二是舰上装备8架“海鹞”式垂直/短距起降战斗机，它们能垂直、短距起降，不需要装备沉重的蒸汽弹射器，以减轻质量，使航母小型化；三是舰上装备了12架“海王”反潜直升机，使航母具有较强的反潜能力，它能与舰艇编队内其他反潜兵力配合，实施反潜战。

在马岛海战中，“无敌”号航母有着出色表现，并经受了考验。1982年4月下旬，“无敌”号率领英国特混舰队主力，进入马岛海域，即对马岛发起海空袭击。5月1日，“无敌”号上起飞的“海鹞”式舰载战斗机对阿军占领的斯坦利港和机场进行了空袭。同日，阿军也派出战机对英国特混舰队进行袭击。英军从“无敌”号上起飞“海鹞”式战斗机进行迎击，掩护了特混舰队中的英国舰船，充分显示了航空母舰的作用。

5月20日，英国占领了马岛滩头，阿军对英国特混舰队进行了猛

烈进攻。英国航母上的舰载机一齐起飞，与阿军战机进行决战。“海鹞”式舰载机先后击落阿根廷战机48架，阿军受到重创。

5月25日，阿军集中全部力量对英军发动大规模进攻，并把“无敌”号航母当作主要攻击目标，使“无敌”号航母难以应付。阿军战机编队在海上发现一个大目标，当即发射“飞鱼”导弹。目标中弹起火，阿军以为击中了英国航母，其实击中的是美军的一艘舰载机运送舰，它是由“大西洋运送者”集装箱船改装而成的。

5月29日，“无敌”号航母被4架阿军战机盯住。阿军用“飞鱼”导弹、炸弹对“无敌”号进行了攻击。“无敌”号不断用火炮进行还击，同时起飞“海鹞”式战斗机对阿军战机进行拦截。阿军战机向“无敌”号发射了“飞鱼”导弹。此时，护卫“无敌”号的一艘英军护卫舰立即发射反导弹导弹，击中一枚“飞鱼”，而另一枚“飞鱼”却紧紧盯住了“无敌”号。从航母上起飞的3架直升机编成密集队形，吸引“飞鱼”导弹。“飞鱼”错把直升机编队当成“无敌”号撞了过去，从一架直升机身下擦身而过，坠入大海，“无敌”号航母因而死里逃生。

◎ 世界最小的轻型航母：意大利“加里波第”号

航母家族中排水量最小的航空

母舰是意大利的轻型航母“加里波第”号，它的满载排水量13400吨，舰长180米，宽33.4米，吃水6.7米，可谓小巧玲珑。

意大利为什么要建造小型航母呢？

原来，意大利在第二次世界大战中是一个战败国，其海军几乎全军覆没。第二次世界大战后，意大利参加了北约。当时，意大利为了与苏联力量抗衡，提出了重振意大利海军的计划。最初，由于意大利经济力量有限，不能建造大型舰船。后来，随着意大利经济形势的好转，意大利海军也开始发展大型舰船。1965年6月，意大利海军开工建造“维内托”号直升机母舰，以便执行反潜、反舰和防空等作战任务。

到了20世纪70年代，苏联海军在地中海的兵力不断增加，意大利面临水下和空中威胁，于是提出了建造航空母舰的计划。由于意大利财政力量有限，建造大型航母在经济上有困难。意大利海军便决定从实际需要出发，发展轻型航空母舰。“加里波第”号航母就这样在1981年3月开工建造，并于1987年8月建成服役。由于意大利对建造航母一事不敢张扬，便将这艘轻型航母称为“载机巡洋舰”。

“加里波第”号是一艘具有特色的轻型航母。它的外形与英国的

“无敌”级航母大致相同，具有直通式飞行甲板，首部甲板有6.5度的上翘角，便于垂直/短距战斗机起降。舰上可携载16架“鹞式”垂直/短距战斗机或18架“海王”直升机。舰上的动力装置为4台燃气轮机，功率59575.5千瓦，航速30节。

别看“加里波第”号航空母舰吨位小，它的武器装备可不少，攻击力量很强。通常，航空母舰可以搭载作战飞机，是一个海上浮动机场，舰上安装的武器很少。而“加里波第”号航母上却安装了4座反舰导弹发射装置，可发射远射反舰导弹“奥托马特”，射程为180千米。舰上还装有2座8联装对空导弹发射装置，配备有48枚“蝮蛇”对空导弹，是一种中程防空武器。除了导弹武器外，“加里波第”号航母上还装有3座双联装40毫米火炮，用于对付低空目标；2具3联装反潜鱼雷发射管，可发射音响自导鱼雷。由此可见，“加里波第”号航母上装备的反舰、反潜、防空武器与普通巡洋舰一样强大，其攻击能力、防御能力也不比巡洋舰小。

大型舰艇

◎ 风帆战列舰的骄傲：英国“胜利”号战列舰

在昔日的海战舞台上，战列舰是海军舰队的主力，历史学家们称它们为“魔鬼武器”。

最早的战列舰是一种风帆战列舰，出现于17世纪，为木质船体结构，以风帆为动力，排水量1000吨左右。舰上装有滑膛炮，能发射实心弹。风帆战列舰问世后，吨位逐渐增大，排水量从初期的1000吨增至5000吨左右，火炮数量从几十门增至近百门。

英国是世界上最早发展风帆战列舰的国家之一，英国的“胜利”号是风帆战列舰中的佼佼者，也是英国海军的骄傲。它建成于1765年，1778年服役，并加入英国皇家海军。其排水量2162吨，舰长67.8米，宽15米，舰体用橡木制成，舰上以风帆为动力，装有3根桅杆，主桅高61.5米。在3根桅杆的帆桁上共挂有36面横帆，最高航速达到10节。

“胜利”号战列舰上设置有3层火炮甲板，并装备102门铁铸加农炮，炮身长、射程远，可发射5.4~14.4千克重的炮弹，还装有2门巨型短炮。舰上一次齐射，可发射半吨重的炮弹。

由于“胜利”号风帆战列舰具有强大的火力和优越的航海性能，自它服役后，便一直是英国海军地中海舰队的旗舰。1803年5月，英

法宣战，英国海军名将纳尔逊登上“胜利”号旗舰，就任地中海舰队司令。1804年底，西班牙与法国结盟，对英国宣战。1805年9月，法国舰队与西班牙舰队会合，英国海军派出33艘战列舰前去迎战。

1805年10月，英国舰队与法国、西班牙联合舰队在特拉法尔加角以西海角相遇。纳尔逊命令英国舰队分两列纵队前进，同时发起冲击。法国海军的战舰首先开炮，打响了特拉法尔加海战第一炮。英国海军“海上主权”号火炮战船冲在最前面，插进了法、西联合舰队的战舰之间，纳尔逊立刻命令“胜利”号率领舰队的其他战舰冲向敌阵。

“胜利”号在接敌过程中，主桅杆被敌人炮弹击中，航速减低。纳尔逊让英国舰队与敌纵队平行而驶。当英国舰队接近目标时，纳尔逊命令“胜利”号掉转方向，直逼敌阵。刹那间，“胜利”号上多门巨炮齐射，一枚30.6千克的炮弹击中敌方旗舰，使其遭受重大损伤。英国舰队的战舰与敌方舰船交织在一起，形成了混战局面。“胜利”号上被击毁的桅杆钩住了敌舰“敬畏”号，正当纳尔逊准备用接舷战来占领敌舰的时候，他却被“敬畏”号上的一名狙击手击中了要害。

纳尔逊倒下了，英国舰队却以胜利者的姿态结束了特拉法尔加海战。英国舰队在此次海战中共歼灭敌舰 15 艘，而自身无一损伤。这次海战的获胜，巩固了英国在海上的霸权地位。为了几年这次海战，在英国朴茨茅斯海港纪念馆中，至今还陈列着修复后的“胜利”号风帆战列舰。

◎ 北洋舰队的主力战舰：“定远”号与“镇远”号

中国近代史上最大一次海战是发生于 1894 年的黄海海战，又称甲午海战，是中国北洋舰队与日本联合舰队在辽阔的黄海海面进行的一场激战，它是世界海战史上装甲舰队之间的首次决战。

参与黄海海战的“定远”号与“镇远”号是北洋舰队的两艘装甲战列舰，它们属于同一舰型，均是清政府为创建北洋舰队而向德国订购的装甲战列舰。其排水量 7350 吨，舰长 89.4 米，宽 18 米，舰上装有 2 台蒸汽机，功率 4560 千瓦，航速 14.5 节。在 10 节航速时的续航力为 4500 海里。两舰都有装甲防护，舰桥和主炮处的装甲厚 304 毫米，水线以上舷侧装甲厚 355 毫米，全舰防护装甲重达 1461 吨。

“定远”和“镇远”这两艘装甲战列舰上装有 22 门火炮，其中 305 毫米主炮 4 门，分别配备于两舷炮台内；副炮 2 门，口径 150 毫米，

为单管炮塔炮，首尾各1门。舰体甲板上装备了3具鱼雷发射管，备用鱼雷21枚。此外，还携载2艘鱼雷艇，每艘鱼雷艇配备有2具鱼雷发射管。

1885年10月，“定远”号与“镇远”号建成回国，加入北洋舰队，成为主力战舰。1894年8月1日，中日两国正式宣战，舰队率领北洋舰队主力出海巡弋，寻找日本舰队决战，舰队的旗舰便是“定远”号装甲战列舰。9月13日，丁汝昌率领北洋舰队浩浩荡荡从威海基地出发，来到旅顺，一路上未见到日本军舰。

9月16日，北洋舰队护送运兵船向辽宁大东沟进发，让运兵船载运的陆军部队在大东沟上岸。

在北洋舰队寻找日本舰队的同时，日本联合舰队也在寻找北洋舰队主力。9月17日上午10时，日本联合舰队先头部队在黄海海面上发现有一团黑烟升起，日军判定是北洋舰队的军舰。于是，日本联合舰队命令战舰排成单列纵队准备迎战北洋舰队。

停泊于大东沟口外锚泊地的“镇远”号装甲战列舰发现有12艘日本军舰正向锚泊地驶来。丁汝昌得到报告后，立即命令北洋舰队舰船由停泊队形变换成横队阵，“定远”号位于横队阵后翼。就这样，中日两支舰队一纵一横相遇了。

北洋舰队战舰在激战中先后击中了日本的“松岛”号、“赤城”号等军舰，打退日军进攻。后来日本舰队集中炮火，攻打“定远”号旗舰。日舰的炮火越来越猛，“定远”号不断中弹起火。丁汝昌也受了重伤，却还坚持在舰桥上指挥。“镇远”号用大口径舰炮攻击日军旗舰“松岛”号，迫使其退出战斗。

激烈的海战持续了5个多小时，北洋舰队10艘战舰只剩下“定远”、“镇远”等4艘战舰。由于“定远”、“镇远”战列舰防护力强，有效地抵挡住了日本舰队的炮火轰击。夕阳西下，满身伤痕的“定远”、“镇远”号装甲战列舰望着日本舰队缓缓驶离战区。世界海战史上装甲战列舰的首次决战就这样宣告结束。

◎ 铁血战舰的沉没：德国“俾斯麦”号战列舰

俾斯麦是19世纪德国的一名铁血首相，他曾使德国一跃成为强大帝国，并曾在19世纪后半叶左右欧洲的命运。后来，德国决定建造一艘用“俾斯麦”命名的巨型战列舰，以加强对英国的海上封锁。

“俾斯麦”号于1936年7月开工建造，1940年完工。舰长251米，宽36米，吃水10.2米，满载排水量50900吨，以蒸汽机为动力，功率110325千瓦，航速31节，16节航速下续航力为9280海里。舰上装

备有强大的火炮，有主炮8门，口径381毫米，装备于双联装炮塔内，首尾各4座；副炮12门，口径150毫米，双联装，配置于两舷甲板，用于对付水面舰艇。舰上还装有多型高炮，有重型高炮16门，双联装，口径105毫米；中型高炮16门，双联装，口径37毫米；轻型高炮12门，单管20毫米。此外，舰上还配备2具鱼雷发射管和4架用于侦察的水上飞机。该舰的防护力也很强，上甲板装甲厚50毫米，一些要害部位装甲厚120~170毫米，炮塔处防护装甲厚150~360毫米，两舷装甲厚320毫米，船舷侧部位还设有防雷装置。因为该舰防护力强，所以德国海军称它为“永不沉没的战舰”。

1941年5月，德国筹划一次海上袭击战，要把“俾斯麦”号调往大西洋，与那里的德国战列舰一起袭击英国运输舰船，破坏英国的海上运输线。在“俾斯麦”号战列舰出航前，希特勒还专门登上战舰，接见舰上官兵。“俾斯麦”号要出征的情报传到英国，英国首相丘吉尔命令海军在“俾斯麦”号进入大西洋之前，将它击沉。为此，英国海军拟定了一个拦截“俾斯麦”号的作战计划。

5月18日，“俾斯麦”号和德国巡洋舰“欧根亲王”号一起秘密出航。5月21日，德国舰队刚驶出波罗的海，就被英国侦察机发现，并进行了严密监视，一场围歼“俾斯麦”号的战斗开始了。

5月23日，两艘英国巡洋舰在丹麦海峡发现了“俾斯麦”号的踪迹。24日凌晨，“俾斯麦”号也发现了英国军舰向它驶来，冲在最前面的是英国的“胡德”号巡洋舰。“胡德”号首先开炮，“俾斯麦”号也不示弱，用猛烈的炮火还击，进行了5次炮火齐射。一枚炮弹钻进了“胡德”号弹药库，引起爆炸。“胡德”号巡洋舰断成两截，迅速被海水吞没。

“俾斯麦”号战列舰初战告捷后，英国海军出动航空母舰和英国本土舰队对“俾斯麦”号进行围歼。“俾斯麦”号与英国海军玩起了捉迷藏游戏，它不断地改变航向，使追踪它的英国舰队迷失了方向。

5月26日，英国的一架巡逻机再次发现了“俾斯麦”号，英国的“皇家方舟”号航母也赶了过来。从航母上起飞的舰载机对“俾斯麦”号进行了两波攻击，一枚鱼雷命中舷侧，另一枚鱼雷命中舰尾，使得“俾斯麦”号操纵失灵。

5月27日，从英国本土赶来的英国战列舰、巡洋舰、驱逐舰轮番攻击操纵失灵的“俾斯麦”号。“俾斯麦”号战列舰上的主炮被打哑了，炮弹不断在甲板上爆炸。失去动力的“俾斯麦”号利用剩下的几门舰炮进行垂死挣扎。紧跟着，从一艘英国巡洋舰上发射的3枚鱼雷又命中“俾斯麦”号的舰体。就这样，“永不沉没的战舰”——“俾斯麦”沉没了，大西洋海底成了它的水下坟墓。

◎ 最大战列舰的覆灭：日本“大和”号和“武藏”号

日本军国主义是“大舰巨炮”主义的信奉者，他们认为谁的战舰吨位大、火炮口径大，谁就能掌握制海权，在海上耀武扬威。在这样的指导思想下，日本于 1937 年开工建造“大和”型战列舰。

日本“大和”型战列舰是巨型战列舰，满载排水量 72800 吨，舰长 263 米，宽 38.9 米，吃水 10.4 米。舰上装备威力巨大的舰炮，即 3 座 3 联装的 460 毫米主炮，前部 2 座，后部 1 座。另外还装备有 120 余门口径 30~306 毫米的各型火炮。

“大和”型战列舰不仅火力强，防护力也强，舰上甲板装有 200 毫米厚的耐弹装甲，舷侧舰体装甲厚 410 毫米，主炮炮塔围壁装甲厚达 560 毫米，能抵御炮弹、炸弹袭击。为防止鱼水雷攻击，“大和”型战列舰舱底有 3 层，并装有多道水密舱壁，这样，即使舰体中雷，也能保持水密，不致沉没。

从“大和”型战列舰的火力和防护力来看，它可称得上是世界上威力最强的超级战列舰，它创造了战列舰排水量最大、装甲最厚、火炮口径最大的记录。为此，日本军

国主义将“大和”型战列舰视为“王中之王”。“大和”型战列舰共建造了2艘，一艘是“大和”号，另一艘是“武藏”号。它们是在极其保密的情况下，分别由日本不同的造船厂建造的。

1941年12月，“大和”号竣工服役；1942年8月，“武藏”号也建成服役。这两艘“大和”型战列舰的服役，使得日本军国主义者的气焰更加嚣张。日本海军期待用它们来对抗美国的航空母舰。

1944年10月，美军在菲律宾的莱特湾进行登陆战役。为阻止美军登陆，“武藏”号和“大和”号气势汹汹地闯进莱特湾。美国第38特混舰队立即对日本舰队进行拦击，并从12艘航空母舰上起飞了260架舰载飞机对其实施攻击。

美军轰炸机、鱼雷机集中攻击日本的“武藏”号战列舰。开始，一枚炸弹命中“武藏”号甲板，2枚炸弹命中舰体，“武藏”号还能承受。后来，美军鱼雷机发射的鱼雷又多次命中舰体。“武藏”号渐渐招架不住了，到10月24日15时，“武藏”号共被14枚鱼雷、16枚炸弹击中，巨大的舰体冒着滚滚浓烟沉入海底。

“大和”号在莱特湾海战中躲过了美国航母的攻击，但是在中途岛海战中，当日军再次动用它时，它仍然没能逃脱覆灭的下场。1945年4月7日，以“大和”号为核心的日本特攻舰队向冲绳方向驶来。美军第58特混舰队的航母特混大队前去迎战。

当日本特攻舰队一进入美军的警戒圈内，美军的舰载机就盯住了“大和”号。一支由 80 架鱼雷机组成的偷袭机群从“大和”号的侧背方向攻击；另一支轰炸机群则对“大和”号进行俯冲攻击。“大和”号甲板上多次中弹。

美军舰载机共进行了 3 波攻击，命中 12 枚鱼雷、7 枚航空炸弹。到 14 时 20 分，“大和”号战列舰已完全失去了航行能力，舰体倾斜 80 度，弹药舱里的炮弹滑到舱壁，装好引信的炮弹被引爆，弹药库发生爆炸。爆炸形成的漩涡最终吞噬了“大和”号，舰上 2000 余名官兵葬身鱼腹。“大和”号的沉没宣告了日本海军的覆灭，也宣告了“大舰巨炮”时代的终结。

◎ 世界上第一艘核动力巡洋舰：美国“长滩”号巡洋舰

自从美国建成了第一艘核潜艇之后，被称为“核潜艇之父”的里科弗专家就建议把核动力应用到水面舰艇上。当时，美国海军正在建造大型航空母舰，正好缺少能远航的护航舰船。因此，美国海军采纳了里科弗的建议，制订了核动力水面舰艇计划，并于 1957 年 12 月开工建造“长滩”号核动力巡洋舰。1959 年 7 月，“长滩”号巡洋舰建成，1961 年加入美国海军服役。

“长滩”号巡洋舰长 219.9 米，宽 22.3 米，吃

水 9.1 米，排水量 17100 吨。舰上装有 2 座压水型核反应堆，双轴推进，航速 30 节。它可以长距离持续航行，30 节速度时的续航力为 14 万海里，20 节航速时其续航力可提高 3.5 倍，中间无需更换核燃料。

“长滩”号巡洋舰上装有威力强大的武器，最先装在舰上的导弹武器有：2 座双联装“小猎犬”舰空导弹、1 座双联装“黄铜骑士”舰空导弹、1 座 8 联装“阿斯洛克”反潜导弹。此外，舰上还装有 2 具 3 联装鱼雷发射管、2 门 127 毫米火炮。

为适应现代海战需要，“长滩”号巡洋舰服役后又进行了一系列现代化改装，先是用先进的“标准”远程防空导弹取代了原有的舰空导弹，其后又装备了 2 座 4 联装“鱼叉”反舰导弹发射装置，并加装了 2 座 4 联装“战斧”巡航导弹，大大增强了“长滩”号巡洋舰的远距离防御和攻击能力。为提高其近程防御能力，技术人员又在“长滩”号的后甲板上新装了 2 座“密集型”6 管 20 毫米火炮。

“长滩”号巡洋舰在美国海军的发展史上，创造了三个“第一”：它是美国海军在第二次世界大战后建造的第一艘巡洋舰，也是美国海军中第一艘以导弹为主要武器的水面舰艇，还是世界上第一艘核动力水面舰艇。“长滩”号巡洋舰参加过越南战争，曾用舰上的“黄铜骑士”

舰空导弹击落了2架苏制“米格”飞机。

在“长滩”号核动力巡洋舰的基础上，美国又相继建造了4批核动力巡洋舰：“班布里奇”级、“拉克斯顿”级、“加利福尼亚”级、“弗吉尼亚”级。它们均装有核动力装置，以导弹为主要武器，其中也包括“战斧”巡航导弹。

1964年，美国3艘核动力舰艇：“企业”号航空母舰、“长滩”号与“班布里奇”号巡洋舰组成特混编队，用64天的时间环绕了地球一周，表明了核动力水面舰艇能够执行全球作战任务。在1991年爆发的海湾战争中，美国的核动力巡洋舰“弗吉尼亚”号和“密西西比”号曾经分别随美国的航空母舰部署到海湾地区海面上，参加海上护航和对海攻击作战，充分显示出核动力巡洋舰的战斗作用。

但是，核动力巡洋舰造价昂贵，而且核动力装置体积庞大，结构复杂。为此，在美国的“提康德罗加”级巡洋舰出现后，核动力巡洋舰逐渐受到冷落。现在，它们已经全部退役，美国也已停止建造新的此级巡洋舰。

中小型舰艇

◎ 驱逐舰的始祖：英国“哈沃克”号驱逐舰

当鱼雷艇登上海战舞台后，装有鱼雷的小艇对战列舰、巡洋舰等大型舰艇构成了严重威胁，鱼雷爆炸的威力可穿透装甲，给战列舰造成致命的伤害。

为了对付鱼雷艇的鱼雷攻击，英国海军先后改装了10艘巡洋舰来对付鱼雷艇。但是，改装后的巡洋舰速度慢、机动性差，根本赶不上鱼雷艇。后来，英国又建造了装有火炮和鱼雷发射管的鱼雷炮舰，期待用舰上的火炮和鱼雷来对付敌方的鱼雷艇和其他军用小艇。

但是，鱼雷炮艇机动性也很差，难以有效对付鱼雷艇。而当时法国、俄国海军已拥有了大量鱼雷艇。为此，英国海军决定建造一种专门用于对付鱼雷艇的新型战舰。1893年10月，英国海军建成了世界上第一艘鱼雷艇驱逐舰“哈沃克”号，它便是驱逐舰的始祖。

“哈沃克”号驱逐舰排水量240吨，它以蒸汽机为动力，功率2942千瓦，航速27节。舰上装有1门76毫米火炮和3门47毫米火炮，专门用于对付敌方鱼雷艇。舰上还装备了3具鱼雷发射管，可发射直径为450毫米的鱼雷，可用于攻击敌人水面舰艇。

“哈沃克”号驱逐舰在试航中

表现出色，它轻而易举地追上了鱼雷艇，证明了它具有对付敌方鱼雷艇的能力。“哈沃克”号驱逐舰的试航成功，使得英国海军大受鼓舞。这下，英国的大型舰艇可以不用再担心敌方鱼雷艇的攻击了。为此，至1894年9月为止，英国海军共订购了40艘鱼雷艇驱逐舰。

英国“哈沃克”号驱逐舰的问世，引起了世界各国海军的关注，他们纷纷仿效英国，建造、发展鱼雷艇驱逐舰。

1899年，法国海军建造了“迪朗达尔”级鱼雷艇驱逐舰，该舰排水量300吨，8年内共建造了54艘。同时，德国也建造了其第一艘驱逐舰“S90”号，该舰装有3门50毫米火炮和3具450毫米鱼雷发射管，最高航速26.4节。美国海军也不甘落后，建造了“班布里奇”级驱逐舰，该级驱逐舰适航性较好，并为舰员提供了良好的居住舱室。

各国竞相建造、发展驱逐舰，进一步刺激了英国海军发展驱逐舰。1899年，英国建造了世界上第一艘装有蒸汽轮机的驱逐舰“蝮蛇”号，该舰最高航速达到36节，成为当时世界上航速最高的军舰。

接着，英国海军为了改善舰员的居住条件，又发展了“江河”级驱逐舰。该驱逐舰排水量600吨，以蒸汽轮机为动力，航速25.5节。它可以为舰队护航，是真正的舰队护航舰艇，可以伴随主力舰艇一起出海。

到第一次世界大战爆发前，各国海军已经建成大批驱逐舰，它们参加了作战舰队行列，执行了多种战斗任务，成为现代海军不可缺少的舰种之一。

◎ 中华第一舰：中国“哈尔滨”号驱逐舰

自改革开放以来，常有中国海军舰艇编队走出国门，出访世界各地，开展军事外交活动。在出访的中国海军舰艇编队中，人们常可以看到一艘雄伟的战舰，它就是舷号为“112”的“哈尔滨”号驱逐舰，它是我国海军的第二代导弹驱逐舰，也是中国海军舰艇中最为先进的驱逐舰。

我国是从20世纪50年代中期开始研制导弹驱逐舰的。至1971年底，我国自行研制的第一代导弹驱逐舰“旅大”级首制舰105号建成服役。该舰服役后，进行了一系列现代化装备试验。“旅大”级导弹驱逐舰曾经远航南太平洋，成功地访问了南亚三国。

在第一代导弹驱逐舰的基础上，我国又研制了新一代导弹驱逐舰“旅沪”级驱逐舰，其首制舰“哈尔滨”号于1986年开工建造，1994年建成服役。该级导弹驱逐舰满载排水量4200吨，采用柴油机–燃气轮机联合动力装置，最高航速31节，续航力5000海里。舰上装有反舰导弹和航空导弹，携载有2架舰载直升机。

作为我国第一代导弹驱逐舰的首制舰，“哈尔滨”号集中了全国科

研单位数百项先进技术，成为我国海军现役舰艇中排水量最大、战术性能最先进、高新技术最为密集的战舰，被称为“中华第一舰”。该舰舰体采用了我国自行研制的高强度、耐腐蚀新型钢材，舰体坚固，经得起大风大浪考验，使用寿命长。

“哈尔滨”号采用了先进的柴油机－燃气轮机动力装置，启动快，机动性好。而且多种隐形技术的采用，使得军舰的隐蔽性好，生存能力大大提高。更引人注目的是舰上装备有性能先进的反舰导弹和防空导弹，还装备有智能化作战指挥中心，使它具有了强大的作战能力，能执行多种战斗任务，成为现代海战多面手。

“哈尔滨”号导弹驱逐舰建成服役后，曾多次参加远航和海上演习。在一场规模空前的海上演习中，“哈尔滨”号导弹驱逐舰作为海上编队的旗舰，进入演习海域，指挥海军舰艇编队迎战“蓝军部队”的飞机、舰艇、潜艇的三面夹攻，成功地完成了规定的演习任务。

1997 年 2 月，“哈尔滨”号导弹驱逐舰率领舰艇编队出访美洲四国，中国海军第一次成功实现环绕太平洋的洲际远航。3 月 22 日，中国舰艇编队到达美国本土，这是中国军舰第一次访问美国本土，在当地引起了巨大轰动。中国舰艇编队这次出访美洲四国，往返航程 2.4 万海里，比郑和下西洋最远一次航程还远一倍多，第一次成功地超越了“郑和七下西洋”的历史记录，大长了中国人民的志气。

◎ 两伊战争中的牺牲者：美国“斯塔克”号护卫舰

1980 年 9 月 22 日，伊拉克和伊朗之间爆发了“两伊战争”。随着战争的升级，双方在波斯湾展开海上袭船战，连第三国的商船也成了他们的攻击目标。美国以保卫海湾航行自由和安全为理由，派出军舰进入海湾地区，为美国商船护航。

在派往海湾的护航舰艇中，有一艘“佩里”级护卫舰“斯塔克”号。“佩里”级护卫舰是美国海军在第二次世界大战后研制的一种新型护卫舰，首制舰“佩里”号 1970 年 9 月研制，1977 年 12 月服役。该级护卫舰长 135.6 米，宽 13.7 米，吃水 4.5 米，满载排水量 3605 吨，比一般护卫舰大得多。舰上装有 2 台燃气轮机，最大航速 29 节，在 18 节航速下的续航力为 4500 海里。

在“佩里”级护卫舰上装备的武器有 1 座多用途导弹发射装置，它既可发射“标准 2”导弹，又能发射“鱼叉”反舰导弹，其中“标准 2”导弹配弹 36 枚，“鱼叉”导弹配弹 4 枚。上甲板中部装有 1 座 76 毫米全自动火炮，可拦截中距离空中目标；舰桥后部甲板上装有 1 座 6 管 20 毫米“密集阵”火炮，可在短时间内在舰体附近形成密集弹幕，用于低空防御。舰上还装备 1 具 3 联装鱼雷发射管，可发射反潜鱼雷。此外，舰上还装备 2 架反潜直升机，用于反潜作战。

从武器、装备来看，“佩里”级护卫舰是一种现代化水平相当高的护卫舰，它代表了 20 世纪 80 年代护卫舰的先进水平。美国派往海湾的护航舰艇中的“斯塔克”号是“佩里”级护卫舰的第 25 艘，1982

年建成服役。

1987年5月17日夜晚，波斯湾海面风平浪静。“斯塔克”号护卫舰以7节的低速在海湾中巡航。它在海湾海域执行巡逻任务已有两个多月，从未发生过意外。当晚21时02分，一架伊拉克战斗机从基地起飞，沿着沙特阿拉伯海岸向南飞去。

美军巡逻飞机发现了伊军战机，“斯塔克”号护卫舰上的雷达也搜索到了伊军战机，但这并未引起美军的重视。因为伊军战机经常南下海湾，与美国军舰擦舰而过的事时常发生。不过，美军护卫舰上的雷达并未放松对伊军战机的监视。

突然，伊军战机向左急转，直朝“斯塔克”号飞来。美国护卫舰没有立即拉响战斗警报，而是两次用国际通用语言向伊军战斗机发出质询。然而，伊军战机并不理会。当晚22时08分，伊军战机向美军护卫舰发射了2枚飞鱼导弹后，转向返回。

“斯塔克”号护卫舰没有发现伊军战机发射导弹，以为伊军战机完成训练任务返航了。当“斯塔克”号上的观察员发现有2枚“飞鱼”导弹向护卫舰飞来时，为时已晚。舰上的“密集阵”火炮刚开火，第一枚“飞鱼”导弹就已经穿入舰体，在住舱内爆炸。接着,第二枚“飞鱼”导弹也击中了舰桥，虽然并未发生爆炸，却引起了一场大火，35名水兵当场被烧死，上层建筑遭到了严重毁坏。两伊战争的“第三者”——

美国的“斯塔克”号护卫舰就这样被“飞鱼”导弹重创了。

◎ 首次海上导弹战的胜者：苏联“蚊子”级与“黄蜂”级导弹艇

1967 年，第三次中东战争爆发了。10 月 21 日，以色列驱逐舰“艾拉特”号在埃及塞得港外西奈半岛海面进行挑衅性的海上巡逻。这艘以色列驱逐舰自恃吨位大、火力强，根本不把埃及、叙利亚海军舰艇放在眼里，它毫无顾忌地在海上横行。

忽然，在“艾拉特”号驱逐舰的雷达荧光屏上出现 2 个飞行物正高速向它驶来。正在舰上的人猜测这 2 个飞行物是什么东西的时候，又一个飞行物体向着“艾拉特”号轰鸣而来。当第一个飞行物体飞到驱逐舰近处时，驱逐舰上的人才发现它是一枚对舰导弹。舰长立即改变航向，全速前进，想以此来规避来袭导弹。但是，导弹紧紧盯住了驱逐舰。“艾拉特”号上的舰炮一齐向来袭导弹开火，可是，炮弹根本打不中来袭导弹。

“轰”的一声巨响，第一枚导弹击中了驱逐舰上的锅炉舱。过了2分钟，第二枚导弹又击中机舱，烈火熊熊。“艾拉特”号顷刻失去了机动能力，舰体发生倾斜，无线电装置也遭到了破坏，对外通信中断。第三枚导弹击中了“艾拉特”号后甲板后，舰体开始进水，烈火烧遍了整个舰艇。舰长下令弃舰，舰员纷纷跳海逃生，接连被3枚导弹的“艾拉特”号驱逐舰葬身海底。

事后人们才知道，击沉“艾拉特”号驱逐舰的导弹是从埃及、叙利亚海军的苏制导弹艇“蚊子”级和“黄蜂”级上发射的，可以说，是导弹艇击沉了驱逐舰。

“蚊子”级导弹艇是苏联研制的世界上第一批导弹艇，由鱼雷艇改建而成。艇长26.8米，宽6.4米，吃水1.5米，满载排水量85吨，最大航速40节，16节航速时的续航力为600海里。艇上装有2座单装固定式“冥河”导弹发射架，还装有1座25毫米双联装机关炮。该级

导弹艇于1959年建成。

“黄蜂”级导弹艇是新设计、建造的导弹艇，其吨位、威力均超过了“蚊子”级。艇长38.6米，宽7.6米，吃水2.7米，满载排水量210吨，最大航速38节。艇上装有4座“冥河”号导弹发射架，还装备了2座双联装30毫米全自动炮。该级导弹艇于20世纪60年代初建成。

“蚊子”级和“黄蜂”级导弹艇装备的“冥河”导弹是一种飞航式导弹，它的战斗部中装有500千克烈性炸药，而且它能自动寻找、跟踪目标，战斗作用很大。装有“冥河”导弹的“蚊子”级和“黄蜂”级导弹舰事前隐蔽在塞得港内，当埃及海军雷达发现了“艾拉特”号后，“蚊子”、“黄蜂”级导弹艇立即作好了导弹攻击准备。当夜幕来临时，导弹艇出动，“蚊子”级艇先发射了2枚“冥河”导弹，随后“黄蜂”级艇也发射了2枚“冥河”导弹。正是这4枚“冥河”导弹吞没了“艾拉特”号驱逐舰，创造了小艇击沉大舰的奇迹。

辅助战斗舰艇

◎ 世界最大的两栖战舰：美国“黄蜂”级两栖攻击舰

美国海军为实现其称霸全球的目的，决定大力发展远洋进攻型作战力量，成批建造两栖攻击舰。美国除了大量建造了“硫磺岛”级两栖攻击舰外，又建造了5艘作战能力更强的“塔拉瓦”级多用途两栖攻击舰，以确保美国海军陆战队及其武器装备能迅速地运送到所需地区进行两栖作战，并能执行多种战斗任务。

到了20世纪80年代，美国海军又开始研制新一代“黄蜂”级两栖攻击舰，首制舰“黄蜂”号于1985年5月开工建造，1989年7月建成服役。“黄蜂”级两栖攻击舰是一种多用途两栖攻击舰，它可携载直升机、“鹞”式垂直/短距起降飞机和新型气垫登陆舰。

“黄蜂”级两栖攻击舰是目前世界上最大的两栖战舰，满载排水量40532吨，舰长257.3米，宽42.7米，吃水8.1米。舰上装有2台蒸汽轮机，总功率51485千瓦，最大航速22节，18节航速

下的续航力为9500海里。

“黄蜂”级两栖攻击舰共有8层甲板；有一个岛式上层建筑，位于舰体右舷中部；飞行甲板长249.6米，宽32.3米。在其飞行甲板上有9个直升机着舰点，机库设置于飞行甲板下面。舰上携载的直升机数量、种类及“鹞”式飞机的多少可根据任务需要而变化。当它执行两栖作战任务时，可携载20架“鹞”式飞机，6架直升机。舰上携载的军用直升机有多种，有“海上骑士”、“超眼镜蛇”、“海上种马”、“超种马”、“海鹰”等多种类型。

在机库下方尾部有一个巨大的坞舱，有3层甲板那么高，内可装载3艘气垫登陆舰或者12艘机械化登陆艇，也可装载登陆运输车。通过气垫登陆艇、机械化登陆艇或登陆运输车可将登陆部队运送上岸。气垫登陆艇通过尾门直接进出坞舱；机械化登陆艇上陆时，则需给坞舱进水，让机械化登陆艇从坞舱中驶出；登陆运输车则通过跳板上下。“黄蜂”级两栖攻击舰通过上述登陆工具一次能运送1870名登陆士兵上陆，也可运送坦克、火炮、弹药和给养。

在“黄蜂”级两栖攻击舰上装备有多种防御武器，有2座8联装“海麻雀”舰空导弹发射装置，1座6管20毫米“火神密集阵”火炮，用于防空。此外，舰上还装备有4座6管箔条干扰火箭发射装置，可发射红外曳光弹和箔条弹，用于电子对抗。

美国海军利用“黄蜂”级两栖攻击舰上的直升机、“鹞”式飞机、登陆艇、气垫登陆艇、登陆运输车来装载、运输登陆部队，实施对岸突击、垂直登陆，直接攻取敌方路上目标。“黄蜂”级两栖攻击舰以其功能多、用途广、战斗力强等优点，成为了美国海军两栖战舰艇的核心力量。

◎ 两栖登陆战先锋：美国LCAC气垫登陆艇

在敌方不设防的海岸，或敌方抗登陆兵力已被己方摧毁的海岸登陆，可用浮动上陆工具协助大型两栖舰船输送登陆部队及武器装备登陆。浮动上陆工具中有机械化登陆艇、履带式水陆两用输送车等，它们的缺点是速度低、通过性差，不符合现代两栖战的需要。

自从英国人考克雷尔于20世纪50年代发明气垫船后，由于气垫船速度高，并具有两栖性，适合作为两栖战舰艇，便出现了气垫登陆艇。

气垫登陆艇是一种全浮式气垫艇，艇体能全部离开水面，在海面上腾空行驶，而且它具有速度高，通过性好以及两栖性等特点，所以这种气垫登陆艇可以从海上运送官兵直接到达登陆场进行登陆。气垫

登陆艇还能越过障碍，将登陆人员、武器、物资快速地运送上岸，中间不需要换乘，这样在登陆途中就可以减少损失和伤亡。

美国海军在 20 世纪 50 年代末从英国引进了 3 艘气垫艇，并在越南战场上进行了实战试验。在实战试验的基础上，美国海军于 1965 年提出了两栖攻击登陆艇（LCAC）计划，最终确定以大型两栖舰艇为母舰，携载气垫登陆艇、坦克、海军陆战队进行远洋作战的计划。就这样，美国海军于 1971 年正式开始研制 LCAC 气垫登陆艇试验艇。1984 年，美国海军的第一艘气垫登陆艇 LCAC 艇正式建成并交付使用。

LCAC 气垫登陆艇是一艘全垫式气垫艇，艇长 26.8 米，宽 14.3 米，静态时吃水 0.9 米，总重 150 吨。它的艇体为铝合金结构，艇体四周装配有动力性能优良的柔性围裙系统，动力装置为 4 台燃气轮机，2 个导管螺旋桨用于推进。艇上装有 4 台高效、可靠的垫升风扇，由它们向柔性围裙系统供气，产生气垫，使艇体支撑于气垫上，艇体便能全部离开水面。

LCAC 气垫登陆艇气垫航行时，艇体全部离开水面，水阻力小，速度高，最高航速 50 节，续航力 200 海里。艇上可载运 24 名海军陆战队队员和 1 辆军用汽车，载重 53.3 吨。

从1984年至1997年，美国曾建造了91艘LCAC气垫登陆艇，使美国海军形成了一支具有强大战斗力的两栖攻击力量。

在1991年爆发的海湾战争中，美国海军出动了7艘大型两栖船坞舰，共载运17艘LCAC气垫登陆艇。在进行突击登陆时，这些LCAC气垫登陆艇在24小时内共出动55个航次，将7000名登陆士兵和2400吨军事装备和作战物资送上一艘登陆艇无法着陆的海岸，充分显示了气垫登陆艇在两栖登陆战中的先锋作用。

◎ 中国的第一艘远洋补给船："太仓"号补给船

现代海军中有一种后勤供应舰船——海上补给船，用于给海上航行和停泊的海军舰艇供应燃料、淡水、食品、备品等日常消耗品，也可给海军战斗舰艇供给鱼雷、水雷、炮弹、导弹及仪器设备。海上补给船不仅能给停泊在基地、港口外的

海上停泊场的舰艇进行补给，还能给正在航行中的舰艇进行海上补给，以增大海军舰艇在海上的活动半径，延长它们在海上的逗留时间。

20世纪70年代，我国建成第一批现代驱逐舰，使人民海军具备了远洋作战能力。但是，由于驱逐舰等战斗舰艇自身携带的燃料、给养有限，需要海上补给船伴随航行，以便进行海上补给。为此，在20世纪70年代末，我国建造了第一艘远洋补给船“太仓”号，它于1979年建成服役，编入海军舰队。

“太仓”号补给船是一艘远洋综合油水补给船，船长168.2米，宽21.8米，吃水9.4米，满载排水量21750吨。船上的动力装置为1台柴油机，功率11032.5千瓦，航速18节，在14节航速下续航力为18000海里。船上装有自卫武器，即4门双联装37毫米火炮，用于对海、对空射击。

“太仓”号远洋补给船上装载的补给品有燃料、淡水等液态补给品，也有粮食、日用品、食品等固态补给品。它们分别贮存于船体内部的固体货舱和液体货舱。固体货舱位于船体前部；液体货舱位于船体中间，有燃料舱、轻柴油舱、补给水舱、饮用水舱等。

“太仓”号补给船上的上层建筑包括两部分：前部上层建筑位于船首，在船的前部上甲板上，设有货舱门，左右两侧设置有2台起重机；后部上层建筑位于楼甲板前，在尾部上层建筑的第一层甲板上设置有直升机起降平台，可携载1架中型直升机，用于固态补给品的补给。在两段上层建筑之间为主要补给区，设置有3座门形补给吊索，其中2座补给吊索用于液态补给品的补给，1座用于固态补给品的补给。

“太仓”号补给船在为航行中的战斗舰艇进行补给时，常用的是横向补给法，即补给船与受补给舰艇以相同航速平行驶行，通过门形补给吊架上的高架索或输油软管将固态或液态补给品传送到受补给舰艇上；也可以采用纵向补给法，即让受补给舰艇跟随补给船航行，两

者形成一条直线，补给船通过输油软管向受补给舰艇输送燃料、淡水等液态补给品；还可用垂直补给法，即用补给船上的舰载直升机载运固态补给品，向受补给舰艇输送少量

应急用固态补给品。

2000年8月，人民海军的“太仓”号补给船跟随“青岛”号驱逐舰横渡太平洋，到美国、加拿大进行友好访问，取得了远航保障的历史性突破。

◎ 潜艇救生员：日本“千代田”号潜艇救援母舰

潜艇失事后需要救援，潜艇救援母舰就是专门用于营救失事潜艇的军辅舰，舰上配备有救生设备、深潜装置。日本海军曾在第二次世界大战中拥有较多潜艇，但因没有专门建造的潜艇救援母舰而吃过亏。为此，日本海上自卫队在组建潜艇部队时，就开始建造潜艇救援母舰。

1959年，日本建成第一代潜艇救援母舰“千早”号。其后，日本于1967年建成第二代潜艇救援母舰“伏见”号。1981年，日本又建造了第三代潜艇救援母舰“千代田”号，该舰于1985年3月建成服役。

“千代田”号潜艇救援母舰为单船体，舰体宽大，船上首楼较短，它的主船体前后设有甲板室，中间是中央舱底阱，供深潜救生艇出没。中央舱底阱左右两侧设有甲板减压舱，它是一个长7.6米，直径2.1米的圆筒形压力容器。在舰体前部上层建筑中心线处设有艇库，可存放深潜救生艇。后部甲板室前部是直升机起降甲板，可供救援直升机起降。

“千代田”号潜艇救援母舰上的主要救援设备是深潜救生艇，由日本海军自行研制，其艇长12.4米，宽3.2米，重40吨，外形像一艘袖珍潜艇，呈水滴形，由3个球形耐压壳形成，分别为操纵室、救援室、机舱。在深潜救生艇上装有电视摄

像头、声呐、机械手、通信器材。深潜救生艇通过起重机，由艇库吊放入中央舱底阱，再从那里放入30米深以下的海水中。

当潜艇失事后，“千代田”号潜艇救援母舰赶往失事潜艇所在海域，放下深潜救援艇。深潜救援艇在母舰的指令下，迅速接近失事潜艇。到达失事潜艇上方时，深潜救援艇将救援舱口与失事潜艇救生舱口对接。然后，打开失事潜艇救生舱口，将失事潜艇艇员送入深潜救生艇，返回母舰。深潜救援艇一次可营救12名潜艇艇员，放下被救出的失事潜艇艇员后，再继续执行救援任务。

除了深潜救援艇外，在“千代田”号潜艇救援母舰上还携载有一个水下载人球。它是一个球形耐压容器，直径2.2米，由气体供给控制装置、氦气回收装置、温水供给装置等构成。用起重机将水下载人球通过中央舱底阱吊入海水中，它可将潜水员送入水下300米深处进行深海潜水作业，进行水下切割、焊接及援救活动。

潜水员进行深海潜水作业时，先在母舰的甲板减压舱按潜水深度进行加压，再从甲板减压舱转移到加压的水下载人球，从那里潜入深海海底。当潜水员完成潜水作业后，返回水下载人球，再返回母舰，转移到甲板减压舱进行减压。

“千代田”号潜艇救援母舰是性能优良的一种潜艇支援舰，它为日本潜艇提供了安全保障。

水下潜艇

◎ 潜艇的首次战斗：布什内尔的“乌龟”艇

17 世纪 70 年代，北美大陆上的英国殖民者为维持其殖民统治，发动了一场殖民战争，英国舰队在北美大陆沿海与港口耀武扬威。为了驱逐英国舰队，耶鲁大学毕业生布什内尔提出建造水下潜艇，用潜艇对英国舰船进行水下攻击。

当时，乔治·华盛顿正领导大陆军进行反殖民者战争，大陆军被围困在纽约。乔治·华盛顿十分重视布什内尔的建议，请他设计、建造了一艘潜艇。这艘潜艇构造十分简单，艇壳是木制的，模仿成水桶的样子。它浮在水中时，像一个尖端朝底的蛋。由于潜艇艇壳看起来就像是用两块乌龟壳咬合而成的，

所以人们又称它为“乌龟”艇。

“乌龟”艇由单人驾驶，驾驶员用手摇动一个螺旋推进器来使艇前进，艇上还装有一个能操纵方向的舵。潜艇内设置有一个水柜，潜艇要上浮时，用水泵把水柜内的水排出艇外，艇就可以上浮；紧急时，还可去掉艇上重物，使潜艇迅速上浮。在艇的顶部携带有火药桶，当它要攻击敌舰时，潜入敌舰下面，用舰体顶部的钻头钻入敌舰底板。钻头钻牢后，把火药桶系在敌舰底部，利用火药桶的爆炸威力来炸沉敌舰。

“乌龟”艇的首次战斗发生在1776年夏天的一个夜晚。这次战斗的攻击目标是在纽约港外停泊场停泊着的英国军舰“鹰”号快速战舰。本来布什内尔准备亲自驾艇前去作战，但在临出发前，他却病倒了，后来有一位名叫埃兹拉·李的上士决定代替他去执行任务。

乘着夜色，“乌龟”艇顺着海水漂流。为了把握方向，李上士让艇体稍稍露出水面，并打开舱盖，以便探出头来观测潮水，掌握方向。当“乌龟”艇接近敌舰时，李上士关上了舱盖，让艇体潜入水下，从水下接近敌舰。

不一会儿，“乌龟”艇潜入了

英国“鹰”号战舰底部正下方。钻头对准了“鹰”号战舰底板后，李上士开始摇动钻头。不巧的是钻头钻到的地方恰巧是一块金属板，钻头无法钻入。李上士想换个地方试试，但是潮水却把“乌龟”艇冲离了英国战舰。李上士决定放弃攻击，把艇浮出了水面。

正在这时，英国舰队的一艘巡逻艇发现水面上漂浮着一个怪物，便赶来察看。眼看“乌龟”艇要被英国巡逻艇追上了，李上士急中生智，放出艇上携带的火药桶，“轰”的一声巨响，火药桶爆炸了。英国巡逻艇上的艇员大吃一惊，不敢再追，“乌龟”艇乘机逃之夭夭。

纽约港外停泊场上停泊的英国军舰因为这次奇怪的爆炸而不敢再呆下去,匆匆离开了停泊场。“乌龟”艇无意间的自卫之举却起到了意想不到的战斗效果。“乌龟”艇夜袭“鹰”号快速战舰作为潜艇史上的第一次水下战斗而被记录下来，并为潜艇的战斗应用开辟了道路。

◎ 潜艇战纪录创造者：德国 U-9 号潜艇

世界海战史上曾经有 1 艘潜艇在 1 小时内击沉了 3 艘巡洋舰，创下了潜艇战世界纪录。创造这一记录的正是德国 U-9 号潜艇。

在 20 世纪前，德国海军并不

注意发展潜艇，直到俄国海军从德国订购了一艘“日耳曼”型潜艇后，德国海军才注意到潜艇。1906年，德国海军建造了一艘“日耳曼”改进型潜艇——U-1型潜艇。从此，德国开始了对潜艇的研制、建造。

1912年，德国研制成功一种专门用于潜艇的柴油机。经过短短几年的努力，德国建造了更多、更大、性能更优异的U型潜艇，它们都是用柴油机作动力的。

第一次世界大战爆发后，德国建造的U型潜艇被派到海洋上，去袭击英国海上运输线，U-9号潜艇就是其中一员。它是一艘小型潜艇，艇长42.4米，宽3.8米，水下排水量287吨，水下航速6节，水下活动时间最长不超过10小时。水下航行用蓄电池电力推进，蓄电池中电能用完，就得浮出海面充电。U-9号潜艇潜伏于比利时的奥斯坦德和英国马加特之间的海域，进行海上狩猎。

1914年9月22日，3艘英国巡洋舰进入奥斯坦德海域，航行在最前面的是“阿布基尔”号巡洋舰。此时，U-9号潜艇正在水下缓缓潜行。艇长威丁根上尉在潜望镜里看清是英国3艘巡洋舰后，便指挥潜艇悄悄靠近“阿布基尔”号巡洋舰，并向它发射了鱼雷。

“轰”的一声巨响，鱼雷命中了目标。“阿布基尔”号的舰体被炸开一道大口子，海水大量涌进机舱，舰体缓缓下沉，舰长只好下令弃舰。“阿布基尔”号巡洋舰在根本还不知道爆炸的原因，也不知道敌人身在何处的情况下就稀里糊涂地葬身于海底了。

U-9号潜艇对“阿布基尔”号

实施鱼雷攻击后，便沉坐海底，静观其变。威丁根上尉在潜望镜中看到“阿布基尔”号在慢慢下沉，另一艘英国巡洋舰“霍格”号也进入了潜艇鱼雷射程。原来，“霍格”

号巡洋舰是赶来援救“阿布基尔”号上的落水舰员的，他们没想到水下有德国潜艇。U-9 号潜艇抓住时机，对“霍格”号发射了 2 枚鱼雷。“霍格”号也被鱼雷击中，舰体发生倾斜，甲板上浓烟滚滚，舰体迅速下沉。

另一艘英国巡洋舰看到“霍格”号也发生了爆炸，意识到肯定是受到了潜艇的水下攻击。于是，舰长拉响战斗警报，准备反潜战斗。此时，威丁根在潜望镜中看到“克雷西”号正向着 U-9 号潜艇方向驶来，便准备用艇尾鱼雷发射管发射鱼雷。

与此同时，“克雷西”号也发现了德国潜艇的潜望镜，便向潜艇发炮，一发发炮弹在 U-9 号潜艇周围爆炸。但是，炮弹没有击中潜艇，而 2 枚从潜艇艇尾发射管发射的鱼雷却直直向“克雷西”号扑来。“克雷西”号好不容易才躲开第一枚鱼雷的攻击，第二枚又接踵而至。鱼雷命中了“克雷西”号巡洋舰的锅炉舱，使它失去了动力，只能在海上飘荡。U-9 号潜艇见状，又悄悄接近“克雷西”号，用潜艇上的最后 2 枚鱼雷，结果了“克雷西”号。就这样，U-9 号潜艇在 1 个小时内击沉了 3 艘万吨级的巡洋舰，创造

了世界海战史上的一个奇迹。

◎ 世界上第一艘核潜艇：美国“鹦鹉螺”号

1955年1月17日，美国“鹦鹉螺”号潜艇缓缓地驶离了码头，在凛冽的寒风中试航。“鹦鹉螺”号潜艇向岸上指挥部发出了“我艇已用核动力前进”的信号，宣告了核动力潜艇的诞生，并开创了舰船核动力时代。

“鹦鹉螺”号核潜艇是由美国海军上校里科弗最先提出并由他主持研制的美国核动力潜艇，也是世界上第一艘核潜艇。1952年6月，“鹦鹉螺”号潜艇开工建造。与此同时，核潜艇用的核动力装置也在马不停蹄的研制与试验中。1953年6月25日，艇用核动力装置进行满功率试验，核反

应堆持续4天4夜进行满功率运转。

1954年1月21日，“鹦鹉螺”号在万人欢呼声中下水。又经过将近一年的努力，“鹦鹉螺”号核潜艇于1954年底竣工。该艇艇长90米，排水量2800吨，水下最大航速25节，下潜深度250米。它的外形呈流线型，整个核动力装置占据了整个艇身的一半。从理论上讲，“鹦鹉螺”号核潜艇在不添加核燃料的情况下，能以最大航速在水下航行50天，航程可达30000公里。为了确保核潜艇的航行安全，艇上除了装备了核动力装置外，还装备了一套常规动力装置。以便万一在航行中核动力装置发生故障，还可用常规动力装置继续航行。

“鹦鹉螺”号是一艘作战核潜艇试验艇，艇上装备有声波自导鱼雷，可在水下向不同目标发射多枚鱼雷，进行鱼雷攻击试验。

“鹦鹉螺”号首次试航是沿着美国大西洋沿岸进行段距离航行。

1955年5月，“鹦鹉螺”号核潜艇开始一次历时90多个小时的水下航行，航程1381海里。这次远航的成功，创造了当时所有潜艇中水下航程最长，水下逗留时间最长的记录。紧接着，“鹦鹉螺”号核潜艇又以20节的平均航速，完成了从佛罗里达州到新伦敦之间的1397海里远航。

由于“鹦鹉螺”号潜艇可以在水下进行长时间连续航行，不受海上天气影响，它便成了真正的水下舰艇。1957年7月，“鹦鹉螺”号核潜艇与几艘美国常规动力潜艇一起参加美国海军组织的反潜战演习。常规潜艇被美国海军的反潜舰艇发现，一艘艘被击沉，而“鹦鹉螺”号核潜艇能在很远距离上探测到反潜舰艇，并能以高于反潜舰艇的速度逃脱，使反潜舰艇无可奈何。所以，一艘核潜艇的战斗威力相当于几艘常规潜艇的作战威力。

1958年6月，“鹦鹉螺”号核潜艇开始横渡北极远航，经过1700海里航行后，抵达白令海峡南端。8月3日，“鹦鹉螺”号核潜艇在飞机

的配合下，从水下到达北极点。而后，又从格陵兰东北海面浮起，顺利完成了穿越北冰洋的计划，打通了海上航行禁区。

如今，“鹦鹉螺”号核潜艇已经退役，它作为人类历史上第一艘核潜艇进入了博物馆，作为历史文物向公众展出，供人观摩。

◎ 冷战中的“静默杀手”：美国“海狼”级核潜艇

20 世纪 80 年代，美国和苏联两个超级大国围绕核潜艇的发展，进行了一场军备竞赛。当时苏联的核潜艇在数量上多于美国，而且在核潜艇的下潜深度、降噪声技术及极地作战能力方面都占有优势。美国海军为了保持其在攻击型核潜艇上的优势地位，从 1982 年开始研制一种称为“21 世纪核潜艇”的“海狼”级攻击型核潜艇。

“海狼”级核潜艇是美国第 6 代攻击型核潜艇，是一种多用途攻击型核潜艇。它的首制舰“海狼”号于 1997 年 7 月建成服役，后有多艘“海狼”级核潜艇加入美国海军序列。该级核潜艇艇长 107.6 米，宽 12.9 米，吃水 10.9 米，水面排水量 8060 吨，水下排水量 9142 吨。艇上装有 1 座压水式核反应堆，结构紧凑，输出功率 44130 千瓦，水下最大航速 38 节，是美国海军中航速最高的攻击型核潜艇。它的舰体采用高强度钢制成，不仅可以增强艇体强度，减小耐压壳体质量，还可增加下潜深度。其最大下潜深度达到了 610 米，是美国海军中下潜最深的核潜艇。

“海狼”级核潜艇是一艘安静的核潜艇，水下航行时噪音小，隐蔽性好，有“静默杀手”之称。为了减小潜艇水下航行时噪声的发生，艇上采用了多种降低噪声的措施。一是改进艇型设计，减少艇体表面积，采用矮小的指挥台，使艇体表面光滑，以保证受到的阻力小，既增加了航速，又降低了水动力噪声。二是采用自然循环核反应堆，消除了主循环泵运转时产生的噪声。艇上还采用新型蒸汽轮机推进方式，取消了减速齿轮箱，降低了动力装置产生的机械噪声。三是采用泵喷射推进器，即所谓的导管螺旋桨，可以大大降低螺

旋桨的噪声。

正是由于采用了上述降低噪声的技术措施，才使得“海狼”级核潜艇在水下航行时产生的噪声小，成为世界上最安静的潜艇，使敌方的声纳和音响探测器材不易探测到它。

别看“静默杀手”水下航行时很安静，但它的水下攻击能力很强。在“海狼”级核潜艇上，装有有多种攻击武器。它的艏部装有 8 具直径为 660 毫米的鱼雷发射管，可发射先进的线导鱼雷，也可发射“战斧”巡航导弹、“鱼叉”反舰导弹、“海矛”反潜导弹。艇上的鱼雷和导弹总携载量可达 52 枚。要是不装载鱼雷，则可携载 100 枚水雷，进行水下布雷。

“海狼”级核潜艇可用于攻击敌方大型水面舰船，也可用于攻击陆上重要目标，还可用于对付水下弹道导弹核潜艇。所以，“海狼”级核潜艇可以跟随远洋舰队，特别是跟随航空母舰编队活动，为其提供远程保护，执行反舰、反潜任务。“海狼”级核潜艇是美国攻击型核潜艇中的精英，也是敌方战略核潜艇的克星。